国家社会科学基金资助项目

网络与信息安全技术系列图书

网络生态系统动态演化

Dynamical Evolution of Cyber Ecosystem

王 刚　　胡　鑫　伍维甲　　著
吴　昊　陆世伟

西安电子科技大学出版社

内 容 简 介

网络生态系统是在生物体免疫系统和社会公共健康领域的疾病控制的启发下，设想建立的一套类似于生物体免疫系统的网络安全防御体系。本书结合网络安全需求和生物体免疫机理，从复杂性科学和复杂系统理论的视角，研究了网络生态系统产生复杂性的机理及其动态演化规律。本书主要内容包括：绪论、网络生态系统的结构和演化规则、基于成熟度理论的系统动态演化、基于病毒传播与免疫理论的要素动态演化、基于集体防御的行动同步与控制、网络生态系统动态演化性能评估理论和方法。

本书基于作者所在研究团队多年来对网络安全领域的理论研究成果，适合于网络空间安全学科高年级本科和相关领域研究生理论教学，也可作为网络生态系统研究的参考书。

图书在版编目(CIP)数据

网络生态系统动态演化/王刚等著. —西安：西安电子科技大学出版社，2019.6
ISBN 978 − 7 − 5606 − 5307 − 5

Ⅰ. ① 网…　Ⅱ. ① 王…　Ⅲ. ① 计算机网络—网络安全　Ⅳ. ① TP393.08

中国版本图书馆 CIP 数据核字(2019)第 077016 号

策划编辑　李惠萍
责任编辑　苑　林　雷鸿俊
出版发行　西安电子科技大学出版社(西安市太白南路 2 号)
电　　话　(029)88242885　88201467　　邮　　编　710071
网　　址　www. xduph. com　　　　　电子邮箱　xdupfxb001@163.com
经　　销　新华书店
印刷单位　咸阳华盛印务有限责任公司
版　　次　2019 年 6 月第 1 版　2019 年 6 月第 1 次印刷
开　　本　787 毫米×960 毫米　1/16　印张 13.5
字　　数　218 千字
印　　数　1～2000 册
定　　价　34.00 元

ISBN 978 − 7 − 5606 − 5307 − 5/TP

XDUP　5609001 − 1

＊＊＊如有印装问题可调换＊＊＊

前　言

自 20 世纪 90 年代以来，网络经历了从最开始的 Web 1.0 时代，到 21 世纪初的 Web 2.0 时代，演化到如今朝着万物互联方向发展的 Web 3.0 时代，网络空间也从单纯影响人类生活方式转变为渗透作用于传统物理空间，社会治理、经济发展及关键基础设施的运行都离不开网络的赋能作用。网络空间的诞生使物理空间与虚拟空间的边界模糊不清，在刺激传统物理空间焕发新活力的同时，也将网络攻击的威胁从虚拟空间带向现实空间，使得网络空间的安全形势日益严峻。随着 5G 商用不断加速，美国对于争夺 5G 领先地位的焦虑感和紧迫感日益强烈。2019 年 4 月，美国国防部国防创新委员会发布了《5G 生态系统：对美国国防部的风险与机遇》报告，围绕"网络生态"主题，重点分析了 5G 发展历程、目前全球竞争态势以及 5G 技术对国防部的影响与挑战。

为应对当下十分猖獗的网络威胁势头，特别是近年来先进持续性威胁（Advanced Persistent Threat，APT）的发展，世界军事强国开始致力于研发"改变游戏规则"的技术，构建弹性的网络生态系统就是其中之一。美国是最早开启网络生态系统理论研究的国家，2011 年 3 月他们就提出了利用自动化的集体防御建立弹性的网络生态系统，用以预测和防御网络恶意攻击，并能够在系统遭到破坏后快速恢复，从而保护地理上广域分布的国家基础网络。网络生态系统借鉴了生物体免疫系统和社会公共健康领域的疾病控制机理，主要针对和解决网络安全的集体防御需求问题。近年来，移动目标防御、联动协同防御、蜜罐诱骗防御、入侵容忍防御、最优策略防御等网络安全非传统理念技术获得长足发展，使得构建弹性健康的网络生态系统成为可能。

关于网络生态系统，国内外学者认为，它是以生物体免疫系统和社会公共健康领域的疾病控制为启发，设想建立的一套类似于生物体免疫系统的网络安全防御体系。它利用网络设备内置的安全功能，通过自动化、标准化程序及协调一致的行动，使网络中的各要素形成一个集体行动、自动防护、自我愈合的健康、抗压和安全的生态系统。毋庸置疑，网络生态系统是典型的复杂系统，是一类有待深度挖掘的复杂系统，也是现阶段受到高度关注的前沿热点。网络生态系统具有复杂系统的适应性、不确定性和层次涌现性，生态系统的整体性、多样性、层次性、开放性和动态性，具有其特定的复杂机理和演化规则。动态演化是认知系统在运行过程中由平衡动态和演化动态的相互交替以及二者的统一所表现出来的活动。从复杂性科学和复杂系统理论的视角看，网络生态系统是一个蕴含复杂机理的动态演化系统，其动态演化过程是网络生态系统复杂机理的外在表现和维系复杂性的根本所在。

基于此，本书以复杂性科学和复杂系统理论方法为指导，结合网络安全集体防御需求开展网络生态系统理论研究，挖掘网络生态系统的复杂机理和动态演化规则。首先，从复杂性科学和复杂系统的视角系统阐述网络生态系统的概念内涵和基本属性，结合网络生态系统基础架构和能力分析，定义了网络生态系统层级结构模型和层级作用关系，提出了网络生态系统演化规则。这些演化规则包括系统运行规则、要素联动规则和体系对抗规则，这些内容主要在第1章和第2章进行介绍。本书第3～5章分别从系统层面、要素层面和系统/要素协作关系等方面，提出了基于成熟度理论的系统动态演化、基于病毒传播与免疫理论的要素动态演化和基于集体防御的行动同步与控制。具体而言，基于成熟度理论的系统动态演化，通过建立演化模型定义了动态演化的关键过程域，从信息决策、要素协同和信息共享三个维度进行能力评估；基于病毒传播与免疫理论的要素动态演化，在分析要素演化过程和阶段的基础上，主要对节点增减、潜伏-隔离、复杂潜伏转移模式三种情况下的要素动态演化进行了研究；基于集体防御的行动同步与控制，通过建立行动同步与控制模型，区分同质与异质网络，分别研究了主动控制同步和自适应控制同步两种模式。本书第6章和第7章分别给出了网络生态系统动态演化性能评估理论和方法，建立了动态演化性能评估准则和指标体系，给出了设计的性能评估方法，阐述了方法如何实施以及运用等问题。

本书是全体参编作者和所在团队多年研究成果的总结和升华，由全体作者共同完成。在研究和撰写、完善的过程中，在读硕士研究生陈彤睿、陆世伟参与了部分章节内容的修改完善和全书的校稿工作，付出了大量辛苦且繁重的努力。同时，感谢西安电子科技大学出版社的李惠萍老师在本书的校稿和编辑方面投入的大量心血。网络生态系统理论是当前网络安全领域的前沿问题，相关研究尚处于起步阶段，可参考的资料有限，研究中的观点和方法多数属于探索性工作；同时，由于各人对问题认知的角度可能存在一定的偏差，需要在后期工作中不断加强和完善的方面仍有很多。因此，虽然我们付出了很大的努力，但书中不可避免仍有疏漏与不妥之处，敬请读者批评指正。

本书作者邮箱：wglxl@nudt.edu.cn，欢迎交流。

作　者

2019 年 3 月于西安

目　录

第1章　绪论 ……………………………………………………………………… 1

　1.1　网络安全背景 …………………………………………………………… 1

　1.2　网络安全集体防御 ……………………………………………………… 3

　1.3　网络生态系统基本概念 ………………………………………………… 6

　　1.3.1　网络生态系统基本内涵 …………………………………………… 6

　　1.3.2　网络生态系统要素组成 …………………………………………… 9

　　1.3.3　网络生态系统特征属性 …………………………………………… 11

　1.4　网络生态系统生态机理和动态演化 …………………………………… 13

　　1.4.1　复杂系统、生态系统及其动态演化 ……………………………… 13

　　1.4.2　网络生态系统生态机理 …………………………………………… 17

　　1.4.3　网络生态系统动态演化 …………………………………………… 18

　1.5　网络生态系统发展和研究现状 ………………………………………… 22

　　1.5.1　国外发展和研究现状 ……………………………………………… 22

　　1.5.2　国内发展和研究现状 ……………………………………………… 24

第2章　网络生态系统的结构和演化规则 ……………………………………… 27

　2.1　网络生态系统结构设计参考依据 ……………………………………… 27

　2.2　网络生态系统的基础架构与能力要素 ………………………………… 28

　　2.2.1　基础架构 …………………………………………………………… 28

　　2.2.2　能力要素 …………………………………………………………… 31

　2.3　网络生态系统结构模型 ………………………………………………… 33

　　2.3.1　模型设计思路 ……………………………………………………… 33

　　2.3.2　分层结构模型 ……………………………………………………… 34

　　2.3.3　层级作用关系 ……………………………………………………… 35

　2.4　网络生态系统演化规则 ………………………………………………… 37

　　2.4.1　系统运行规则 ……………………………………………………… 37

　　2.4.2　要素联动规则 ……………………………………………………… 38

　　2.4.3　体系对抗规则 ……………………………………………………… 40

　本章小结 ……………………………………………………………………… 42

第3章　基于成熟度理论的系统动态演化 ············· 43

　3.1　系统动态演化的分级与规则问题 ············· 43

　3.2　成熟度基本理论 ················· 45

　　3.2.1　成熟度模型 ················· 45

　　3.2.2　成熟度分级 ················· 46

　　3.2.3　指挥控制能力成熟度模型 ············· 47

　3.3　系统动态演化的概念模型和分级模型 ··········· 48

　　3.3.1　概念模型 ················· 49

　　3.3.2　分级模型 ················· 50

　3.4　系统动态演化的关键过程域与升降级规则 ········· 54

　　3.4.1　关键过程域 ················ 54

　　3.4.2　升降级规则 ················ 55

　3.5　系统动态演化的能力评估 ·············· 58

　　3.5.1　信息决策能力评估模型 ············· 59

　　3.5.2　要素协同能力评估模型 ············· 59

　　3.5.3　信息共享能力评估模型 ············· 60

　　3.5.4　成熟度能力分析 ··············· 61

　本章小结 ···················· 64

第4章　基于病毒传播与免疫理论的要素动态演化 ········· 65

　4.1　要素动态演化的病毒传播和免疫问题 ·········· 65

　4.2　网络病毒传播与免疫基本理论 ············ 67

　4.3　网络生态系统要素动态演化分析 ··········· 69

　4.4　节点增减下的要素动态演化 ············· 73

　　4.4.1　模型构建 ················· 73

　　4.4.2　稳定性分析 ················ 74

　　4.4.3　要素动态演化分析 ·············· 76

　4.5　潜伏-隔离下的要素动态演化 ············· 81

　　4.5.1　模型构建 ················· 82

　　4.5.2　稳定性分析 ················ 83

　　4.5.3　要素动态演化分析 ·············· 86

　4.6　复杂潜伏转移模式下的要素动态演化 ·········· 90

　　4.6.1　模型构建 ················· 90

　　4.6.2　稳定性分析 ················ 91

　　4.6.3　要素动态演化分析 ·············· 94

　本章小结 ···················· 98

第5章 基于集体防御的行动同步与控制 ································ 100

  5.1 动态演化中的行动同步与控制问题 ·························· 100

  5.2 网络/系统同步与控制基础理论 ··························· 102

  5.3 基于集体防御的行动同步与控制模型 ······················ 105

    5.3.1 行动同步建模 ································· 105

    5.3.2 同步影响因素 ································· 108

    5.3.3 行动同步分析 ································· 110

  5.4 同质网络动态演化中的行动同步与控制 ···················· 116

    5.4.1 同质网络行动同步建模 ··························· 116

    5.4.2 主动控制同步 ································· 116

    5.4.3 自适应控制同步 ································ 118

    5.4.4 行动同步分析 ································· 119

  5.5 异质网络动态演化中的行动同步与控制 ···················· 123

    5.5.1 异质网络行动同步建模 ··························· 123

    5.5.2 参量已知的自适应控制同步 ························· 124

    5.5.3 参量未知的自适应控制同步 ························· 126

    5.5.4 网络模型的动力学分析 ··························· 129

    5.5.5 行动同步分析 ································· 131

  本章小结 ··· 134

第6章 网络生态系统动态演化性能评估理论 ···················· 136

  6.1 动态演化性能与健康性 ······························ 136

    6.1.1 生物体健康免疫 ································ 136

    6.1.2 网络生态系统健康性 ···························· 137

    6.1.3 网络生态系统健康性度量 ·························· 138

  6.2 动态演化性能评估准则 ······························ 139

    6.2.1 评估原则和参考依据 ···························· 139

    6.2.2 健康性度量准则 ································ 142

    6.2.3 系统结构层度量准则 ···························· 144

    6.2.4 系统功能层度量准则 ···························· 144

    6.2.5 任务支撑能力层度量准则 ·························· 145

  6.3 动态演化性能评估指标 ······························ 147

    6.3.1 系统结构层度量指标 ···························· 147

    6.3.2 系统功能层度量指标 ···························· 150

    6.3.3 任务支撑能力层度量指标 ·························· 154

  本章小结 ··· 157

第 7 章　网络生态系统动态演化性能评估方法 ·················· 158

　　7.1　动态演化性能评估方法设计基础 ······················· 158

　　　　7.1.1　设计依据 ······································· 158

　　　　7.1.2　方法基础 ······································· 159

　　7.2　动态演化性能评估方法综合设计 ······················· 161

　　　　7.2.1　基础方法选择 ··································· 162

　　　　7.2.2　度量方法设计 ··································· 164

　　7.3　动态演化性能评估方法具体实施 ······················· 165

　　　　7.3.1　基础指标的度量 ······························· 165

　　　　7.3.2　系统指标的静态度量 ··························· 167

　　　　7.3.3　系统指标的动态度量 ··························· 169

　　7.4　动态演化性能评估方法综合运用与仿真 ··················· 171

　　　　7.4.1　层次化建模和指标计算 ························· 171

　　　　7.4.2　基于模糊综合评价方法的静态度量 ··············· 172

　　　　7.4.3　基于动态贝叶斯网络的动态度量 ················· 176

　　本章小结 ·· 181

附录　网络生态系统健康性指标及计算 ·························· 182

参考文献 ·· 193

第1章 绪 论

1.1 网络安全背景

以"互联网"为代表的信息网络正以前所未有的速度重塑我们的生产、生活方式,与此同时,网络安全问题日益突出。从 2010 年"震网"(Stuxnet)事件到 2013 年"棱镜门"(Prism)事件,从 2014 年"能源之熊"事件到 2017 年"勒索病毒"(Ransomware)事件,再到 2018 年的"蜂巢网络"(Hivanet),以先进持续性威胁(Advanced Persistent Threat,APT)为代表的一系列网络安全问题直接影响了网络的整体性能和稳定运行,并对公共社会秩序乃至国家安全造成威胁。目前,网络安全问题已经引起了各国的高度重视,各国普遍采取了应对措施。西方主要国家倡导以"网络生态"为主题的积极网络防御理念,试图构建一种具有弹性结构、可柔性重组,类似自然生态系统的信息网络体系——网络生态系统(Cyber Ecosystem)。2011 年,美国在网络安全发展战略中率先提出"网络生态系统"的概念,即借鉴生物体免疫系统和社会公共健康领域的疾病控制机理,建立一套类似于生物体免疫系统的网络安全防御体系,利用网络要素内置的安全功能程序,通过自动化、标准化的一致行动,形成一个具有集体行动、自动防护、自我愈合等特征的,健康、抗压和安全的网络系统。2013 年 2 月,欧盟发布《欧盟网络安全战略》,明确提出加强网络结构的弹性和网络防御能力。2014 年 1 月,俄罗斯公布《俄罗斯联邦网络安全战略构想》(草案),提出建立自主可控的网络安全机制。同年 12 月,英国发布《国家网络安全战略》,提出必须加强网络防御和网络反击能力。2015 年 4 月,美国颁布《美国国防部网络安全战略(2015)》,指出以减少破坏性网络攻击来确保国家数据安全。同年 12 月,美国政府发布了《网络威慑战略》报告,从威慑视角再次强调加强网络安全防御能力和弹性健康的网络生态系统建设,提升遭受网络攻击后的快速恢复能力。2017 年 1 月，美国发布《网络安全事件恢复指南》，旨在制订应对各类网络攻击活动的恢复方案和计划。同期，欧盟发布《欧盟安全事务进展报告》，将"网络犯罪""网络攻击"等针对网络安全的行为列为威胁公共安全事务的主要挑战。2018 年 9 月，美国总统特朗普接连签发《国防部网络空间战略》概要和《国家网络安全战略》两份重要文件，前者重点是指导美军夺取并保持网络空间的优势，后者着重提出维护并保持网络空间安全的目标举措，二者均将网络威慑作为实现美国繁荣与安全战略目标的重要手段。

面对日益严峻的网络安全威胁，我国于 2014 年成立"中央网络安全和信息化领导小组"，明确提出信息化建设与网络安全要遵循"一体两翼，双轮驱动"的发展战略，加紧构建弹性和可持续发展的网络生态环境和网络生态系统。2015 年 6 月，国务院宣布成立网络空间安全一级学科，明确了网络安全的研究方向、内容和理论体系，网络生态化发展和安全度量是网络安全基础理论研究的重要内容。2016 年 11 月，国家出台《网络安全法》，明确从网络安全保护、网络信息服务和网络社会管理等方面，通过依法治网提升国家网络生态环境和性能。同年 12 月，国家发布《国家网络空间安全战略》，提出了我国网络空间安全及其发展的立场和主张，强调构建弹性的网络生态是重要的实现途径。2017 年 3 月，国家出台《网络空间国际合作战略》，提出在和平、主权、共治和普惠四项原则基础上，以构建网络空间命运共同体为目标，推动网络空间国际合作和共同抵御网络攻击。在军事领域，按照"一体双翼，双轮驱动"确保军队信息化建设先进性和安全性要求，国防和军队信息网络的安全性及信息网络对体系作战的支撑能力建设已成为重点，其重要途径就是构建健康和可持续发展的网络生态系统。2017 年 10 月，十九大报告提出，加快军事智能化发展，提高基于网络信息体系的联合作战能力、全域作战能力，有效塑造态势、管控危机、遏制战争、打赢战争，进一步给国防和军事领域网络生态建设提出了明确的方向和目标。2018 年，教育部更新我国高校学科目录，正式增设网络空间安全一级学科，从博士、硕士和学士各层次全方位加速培养新时代网络空间安全高层次人才。

网络生态系统汲取了新的网络防御理念，是基于自动化、互操作和身份认证的主动防御，通过网络诸要素整体协同行动来预测和防御包括不确定攻击在内的多类型网络攻击，将攻击后果最小化并恢复到可信状态。相比较而言，传统网络安全防御是以封控、堵漏、限制为重点和主要手段，基本上是针对已知威胁的被动设防,安全防御(护)配置预先设定,安全策略独立实施。较之传统防御理念,网络生态系统的防御理念更强调集体防御、集体行动:通过网络中诸要素间的协同作用,实现整体态势感知、侦察、监视、攻击和防御,以减少网络遭受攻击的可能性甚至免受攻击,维持系统的健康稳定运行。随着世界范围内网络环境的复杂性和不确定性的日益增强,APT攻击带来的全球网络安全及其防御问题日渐突显,如何实施对网络安全威胁及其防御行动过程的监视和有效控制?对于既定网络而言,通常可以通过断开关键节点间的链路来提升网络安全防御能力,但是这样会同步降低网络的业务承载能力。如何兼顾网络安全威胁防御需求和业务承载能力需求?如何根据复杂任务需求和现实网络安全,动态调控网络安全防御和业务承载状态?针对网络安全需求,开展网络生态理论和技术研究,科学设计网络生态机制和网络生态系统,是解决这些难题的重要途径。

网络生态系统是一个新兴事物,构建网络生态系统是一项复杂的系统工程,相关理论的研究应遵循复杂性科学和复杂系统理论方法。复杂性科学认为,"复杂性"是关于过程的科学而不是关于状态的科学,是关于演化的科学而不是关于存在的科学;而"复杂系统"是具有自适应能力的演化系统,其产生的复杂性机理及其演化规律需要采取复杂性科学方法,运用非还原论方法研究。网络生态系统理论研究,以网络安全需求为牵引,从网络生态系统产生的复杂性机理及其演化规律入手,聚焦系统的演化过程和动态特性。通过网络生态系统理论研究,首先可以理清基于集体行动的网络生态系统集体防御机理,为解决现实网络安全问题,开展网络空间治理提供理论方法支撑;其次,建立层次清晰、功能明确的网络生态系统结构模型和动态演化规则,为网络安全集体防御行动组织指挥和建立健康有序的网络生态系统提供体系设计参考依据;此外,通过建立和解析网络生态系统的系统运行规则,提升网络生态系统应对不确定或蓄意网络攻击的能力,实现对现实应用网络的有效控制,均衡网络在遭受攻击情况下的业务承载能力;最后,推进网络生态系统理论深化发展,形成网络生态系统动态演化性能评估理论和方法体系,加速网络生态理论向实践应用的发展。

1.2 网络安全集体防御

网络安全防御通过采取漏洞检测、身份认证和运行监控等措施抵御敌方恶意网络攻击，保障我方网络安全，是网络行动的基础和前提。网络安全防御手段主要包括网络设备安全监管、网络病毒防护、网络攻击检测、终端漏洞检测、系统补丁更新、重要数据防护、网络防护、信道防护、流量控制和网络访问审计等。例如，通过部署病毒防护系统，针对网络病毒的传播感染规律和发展趋势，制定针对性的病毒杀除和防护策略，属于网络安全防御的病毒防护手段；在局域网各端口处部署防火墙，严格审计、控制出入各域网络的数据包，加强安全防护管理，属于网络安全防御的网络防护手段；部署补丁分发服务器和为相应操作系统和软件漏洞进行补丁操作，降低网络恶意威胁风险，提升网络安全防御能力，属于网络安全防御的系统补丁更新防护手段。网络安全防御主要包括可信计算防御、自主可控防御、动态目标防御和集体防御等安全防御策略。具体而言，这四种防御模式各有如下特点：

（1）可信计算防御，这是集运算与防御并存的防御新模式，通过采用密码实施身份识别和保密存储，实时识别"敌我"身份，实现在网络运算可控可测的同时，实施网络空间安全防御。

（2）自主可控防御，指依靠自身研发设计，全面掌握核心技术，实现网络从硬件到软件的自主研发、生产、升级、维护的自主可控、安全可控，防止恶意后门并不断改进和修补漏洞。

（3）动态目标防御，即改变传统网络相对静态的运行环境，通过动态改变网络设置和配置，使得设备或网络在一定程度上以时间的函数进行变化，动态抵御网络攻击。

（4）集体防御，这是基于自动化、互操作和身份认证的主动防御，通过网络诸要素的整体协同来预测和防御包括不确定攻击在内的多类型网络攻击，并将攻击后果最小化。

2011年3月，美国国土安全局首次提出利用自动化的集体行动建立弹性的网络生态系统，强调运用"自动化、互操作和身份认证"手段提升网络运行速度、优化决策、态势感知和隐私防护等能力，预测和防御网络恶意攻击，并能够快速恢复，实现网络安全的分布式安全防御。2014年3月，美国空军公开征集"网络防御系统、网络防御分析系统、网络安全漏洞评估系统、网络指挥控制任务系统、内部网络控制系统和网络安全与控制系统"等六类网络空间安全防御设计方案，旨在提高美国空军应对网络攻击的快速响应和恢复能力。2017年4月，美军在原有分布式安全防御基础上，提出基于集体行动的新型分布式网络安全体系，与传统网络安全系统相比，基于集体行动的新型分布式网络安全体系实现了网络安全防御能力的"优化倍增"，尤其针对大规模集群攻击的安全防御效果更佳。在该体系中，网络中任意节点一旦探测到网络攻击行为，将实时告知全网其他网络节点，迅速封锁网络病毒的攻击源头及其传播路径，并将网络攻击(病毒)阻断、隔离在受损的特定网络区域内，实现全网免疫；同时，通过启用相邻网络节点的备份信息，快速恢复网络运行，提升网络运行效率和安全性能。网络安全防御突破常规思维和传统防御理念，区别于传统的筑高墙、堵漏洞和防外攻的安全防御模式，网络安全防御应逐步形成基于网络安全防御集侦察预警、指挥决策、防御应急、反击进攻和保障力量于一体的综合防御。

从现阶段分析，集体防御是网络安全和网络行动的重要保障，网络安全由网络诸要素通过相互协同、共同作用抵御随机或蓄意安全威胁/攻击，并对安全威胁/攻击行动做出响应和恢复。网络行动包含通过运用网络诸要素达到预期目的而采取的网络空间安全态势感知、侦察、攻击和防御等各类活动。网络安全集体防御依赖于构建弹性的新型网络系统，从要素关联和作用关系来看，这种新型网络系统能通过诸要素间的相互关联、协作共享，共同构成一个连续、线性的动态网络，通过集体防御提升网络的安全可靠、自愈修复和态势感知等能力，实施网络的实时动态安全防御。

网络安全集体防御主要包括集体防御主体、集体防御策略和集体防御流程三大要素。

(1) 集体防御主体。集体防御主体包括制定、监控和实施网络安全集体防御行动的决策者、管理者和执行网络安全集体防御的网络设备、用户等集体防御的物理实体，以及网络安全集体防御任务和行动等集体防御的虚拟实体。各物理实体和虚拟实体之间围绕集体防御目标相互关联、集体协同。

(2) 集体防御策略。网络参与方(特别是网络设备)要求具备自动化、互操作和身份认证等三种相互依存的关键能力，网络的状态、特征和安全防御需求制定等内容可以转化为相应的策略描述语言。主要防御策略包括稳健防御策略、主动防御策略和弹性防御策略三类。具体而言，稳健防御策略即网络诸要素基于自身的安全性能，实时接收来自管理中心的任务和指令，为网络提供基本的、稳固的安全防御能力；主动防御策略即通过主动分析、观察和总结，预判敌方网络攻击/威胁规律，制定相应的安全防御策略，抵御不确定、潜在的网络攻击/威胁；弹性防御策略即在监控、追踪网络攻击/

威胁目标过程中，通过提供连续不断的安全防御，最大限度地保障自身重要节点的安全，实现快速修复。

（3）集体防御流程。集体防御流程通常可以划分为监视阶段、检测阶段、防御阶段和修复阶段四个阶段，如图 1.1 所示。在集体防御流程中，各阶段的同步有其具体目标和特点。在监视阶段，诸要素协调有序、信息共享，对网络进行安全动态监视，实现网络安全实时动态监控；在检测阶段，诸要素交互共享网络攻击源信息，对网络进行安全分析检测，实现网络空间安全威胁的精确侦察检测；在防御阶段，诸要素优势互补、态势共享，对网络进行安全防御，实现网络安全的态势感知、动态防御；在修复阶段，诸要素相互协调、共同作用，对受攻击后的网络进行安全修复，实现网络安全的实时动态自愈修复。

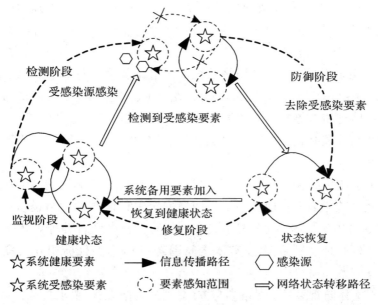

图 1.1　网络安全集体防御流程

1.3　网络生态系统基本概念

1.3.1　网络生态系统基本内涵

网络空间是融合物理域、信息域、认知域和社会域的人造虚拟空间，通过域内和跨域行动，网络行动渗透并作用于传统物理空间，实现网络节点或链路之间的信息流通、交互共享，达到网络行动的准确、实时和高效。网络空间建立在电子和电磁频谱基础上，是由相关物理基础设施和网络化系统进行数据交换、存储和修改的域，客观上突破时间、空间和距离限制。生态是在生态学领域的基本概念，是指在自然界一定空间内的生物体之间、生态环境之间，以及生物体与生态环境之间构成的统一整体，各生态要素之间相互影响、相互制约，并在一定时期内处于相对稳定的动态平衡状态，是生态学的主要结构和功能。随着对生态系统理论实践和人类认知的发展，网络生态系统理论加速了与传统学科，尤其是生态学相关的边缘学科和新兴学科的交叉融合，一批新概念和理论纷纷出台，如与信息系统关联的信息生态和信息生态系统，与计算机网络关联的网络生态和网络生态系统。在图书情报学领域，国内网络生态的概念最早是由张庆峰于 2000 年提出的，他认为网络生态符合系统的一般特点，由一些相互联系和相互影响的部件组成，具有一定的功能目标，并且与外界有所界限，这一定义被许多探讨网络生态的学者所沿用。在网络安全领域，2011 年美国在网络安全发展战略演进过程中，明确提出了"网络生态系统"这一新概念，美国国土安全局在《实现网络空间的分布式安全——建立基于自动化集体防御的健康弹性生态系统》(以下简称《实现网络空间的分布式安全》)报告中指出，网络生态系统由不同的参与者组成，如民营企业、非营利机构、政府、个人、进程和网络设备(计算机、软件和通信技术)，是网络生态主体与网络生态环境相互影响、相互制约而形成的有机整体，它通过系统内部诸要素的协同工作，实现安全预测和预防网络攻击。

关于网络生态系统，国内外学者认为，它是在生物体免疫系统和社会公共健康领域的疾病控制的启发下，设想建立的一套类似于生物体免疫系统的网络安全防御体系，利用网络设备内置的安全功能，通过自动化、标准化程序及协调一致的行动，使网络中的各要素形成一个集体行动、自动防护、自我愈合的健康、抗压和安全的生态系统。在网络生态系统中，各网络实体在实施局部防御措施的同时，还受到全局性、多层次的防御支持，就像人体内的细胞除了具备自身局部的安全防御能力外，还受到来自血液、淋巴系统的全局支持。此外，类似于公共卫生领域的疾病控制和预防中心，未来的网络生态系统还包括威胁和事件监视、数据共享、威胁分析、干预和预防措施的协调等。网络生态系统强调网络参与方(特别是网络设备)要发展自动化、互操作和身份认证等三种相互依存的关键能力，从而在政策、策略、技术等方面实现无缝合作。要具备上述三种能力，就要求未来网络生态系统中"健康"的网络实体应具备感知意识、用户意识、智能性、自主反应、动态性、复原性、协作性、可信性等内置功能。

促进网络空间和网络生态系统快速发展的主客观因素很多，但是毋庸置疑，军事需求是其中的关键。在军事领域，网络空间目前已经被公认为是陆海空天之外的第五维作战空间，网络空间依托并作用于传统空间，谁首先拥有网络空间优势，谁就能够在争夺未来战争主导权的过程中占据优势地位。对美国(军)网络安全相关资料的研究表明，网络生态系统的出台具有强烈的军事需求和应用背景。网络生态系统与军事信息系统的网络安全和网络攻防作战行动紧密相关，军事领域的网络生态系统是由各级各类信息化作战单元、信息网络元素及其作战环境构成的相互影响、相互制约的复杂军事系统，是具有网络生态一般属性和特定军事属性的动态开放自愈系统，它通过作战体系中网络诸要素的协同工作，形成高效和谐态势，预测和防御网络攻击，将攻击后果最小化，并恢复到可信状态。根据认知层面的不同，网络生态系统应包括以下内涵：

（1）从系统属性和目标需求分析，网络生态系统有狭义和广义概念之分。狭义概念限定于军事背景下的网络生态系统，其目标是借鉴自然界生态系统的健康理念，通过军事系统内网络诸要素的协同工作，形成一种高效和谐的态势；广义概念指一般意义上的网络生态系统，还包括狭义概念之外与军事网络关联的政府、企业、机构、个人、进程和信息网络基础设施等。

（2）从系统构成和要素关系分析，网络生态系统由作战体系中多级多类网络要素组成，具有特定的结构和功能，能够按照体系集成理念，将分散于网络空间中的各级各类要素融合成一个相互联系、相互作用的有机整体。它依存于一定的外部环境，如战场网络环境，其主体各要素同样存在着相互作用和相互依存关系，形成了主体要素的内循环及其与生态环境间的外循环。

（3）从作用域和功能需求分析，网络生态系统直接作用于网络环境（如战场网络和战场信息环境），通过信息对物质、能量的驱动、反馈和循环作用，渗透并作用于陆海空天等传统物理空间。通过集体预测和自动防御网络攻击，网络生态系统可将对手的攻击危害最小化，并迅速恢复到可信状态。弹性健康的网络生态系统可实施网络安全主动防御，同步跨域支持基于网络信息系统的体系作战和联合军事行动。

1.3.2 网络生态系统要素组成

结合自然生态和生物体免疫健康理论，依据对网络生态系统概念内涵的认知，网络生态系统划分为网络生态主体和网络生态环境两类，并按照一定的规则和机制运行。以下以军事领域网络生态系统为例，分析网络生态系统要素组成及相应的规则和运行机制。网络生态主体内部存在小循环，包括战场态势信息资源共享、体系化作战协同等；网络生态主体与网络生态环境构成大循环，如全域覆盖实时进行的战场态势信息感知、获取、传递、分析处理、分发和交流。网络生态系统具体组成和各要素之间的关系如图 1.2 所示。

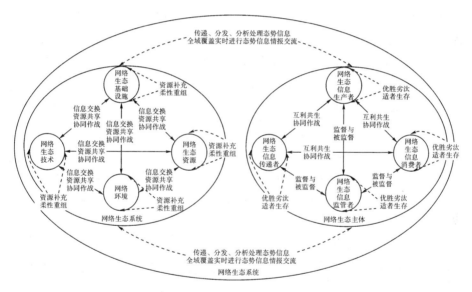

图 1.2 网络生态系统具体组成和各要素之间的关系

1. 网络生态主体

网络生态主体是指在复杂网络安全环境中，具备态势感知、情报共享和一体化协同的各类网络要素的集合。其主要包括网络生态信息生产者、网络生态信息传递者、网络生态信息消费者和网络生态信息监管者等四个部分。这四部分的具体构成及其作用如下：

（1）网络生态信息生产者，这部分是指活动于复杂网络环境中，实时发送或提供网络态势信息的人员或设备，如网络态势信息分析研究员、黑客、态势情报分发处理设备等。

（2）网络生态信息传递者，这部分是指借助于网络通道传输态势信息的网络设备或人员，是传输网络态势信息的重要途径，是连接网络生态信息生产者和网络生态信息消费者的重要"桥梁"和"纽带"，如网络态势信息传输信道、态势情报中转设备、态势情报处理转发值勤员等。

（3）网络生态信息消费者，这部分是指接收和利用网络通道传输态势信息的设备或人员，是构成网络生态环境的"收割机"，如网络攻防战士、态势情报信息接收设备、态势情报信息智能化管控设备等。

（4）网络生态信息监管者，这部分是指对网络态势信息交流传递进行监督管理的设备或人员，负责监管网络态势信息安全问题，是构成网络生态环境的"清道夫"，如国家网络安全机构、态势情报实时监控设备、电磁频谱管控系统等。

在军事领域，网络生态系统建立在军事信息网络基础上，其主体要素包括指挥机构、情报保障中心和态势感知处理中心等信息单元要素以及诸要素间建立的信息流转关系。

2. 网络生态环境

网络生态环境是网络生态主体依存的基础。在此基础上，通过网络态势信息的不断交流与循环，网络生态诸要素之间相互影响、相互制约，共同演化形成具有统一、动态、均衡和有序等特点的复杂系统。网络生态环境主要包括网络生态基础设施、网络生态资源、网络生态技术和网络环境等四个部分。这四部分的具体内容如下：

（1）网络生态基础设施是开展网络行动、执行网络业务的基础，如网络生态环境的自动化保障设备、智能化监控设备和一体化指挥控制设备等。

（2）网络生态资源是网络生态系统中信息应用系统发挥作用的前提，如网络生态环境的态势情报感知平台、全方位的智能决策系统、全域覆盖的实时资源共享系统等。

（3）网络生态技术是利用网络态势信息的技术手段与途径，如网络生态环境的电子信息系统、数据链系统、网络攻防系统等技术手段。

（4）网络环境是生产、加工、处理信息的主体环境，如复杂多变的网络电磁环境、全方位大纵深的网络对抗环境、攻防一体化的跨域联合作战环境等。

1.3.3 网络生态系统特征属性

网络生态系统是适应网络安全集体防御需求提出的新概念,利用网络设备内置的安全功能,通过自动化、标准化程序及协调一致的行动,使网络中的各要素形成一个集体行动、自动防护、自我愈合的健康、抗压和安全的网络生态系统。网络生态系统的主要特征表现在以下四个方面:

(1)强调集体合作促进防御能力的整体提升。由于目前各方的安全防护能力是分布和独立的,网络防御活动的协调与合作存在诸多问题,网络生态系统力图通过政策、标准、技术等层面的努力,在提高网络各要素安全能力的同时,倡导集体防御,强调局部防御能力与全局防御能力的相互支撑,从而提高整体防御能力。

(2)强调以机器的速度自动部署和快速实施防御能力。网络攻击行为大多是猝发的,安全防御行动的时效以秒计算。针对此种情况,网络生态系统设想在目前规模庞大、复杂多变的网络环境中,用安全内容自动化协议(Security Content Automation Protocol,SCAP)实现协调一致的安全配置,为防御行动自动化提供基本能力,促进防御措施和响应行动以近实时的效率执行,从而改变网络防御的被动局面。

(3)强调安全防护信息的共享和互操作。无碍的信息共享和良好的互操作能力是实现网络实体相互信任,提高网络整体防御能力的必要基础。通过无碍的信息共享和良好的互操作,各网络实体相互交互、协调、作用,形成统一的态势感知信息,并提高网络实体的智能化水平,以此构建弹性灵敏的网络生态系统。

(4)强调对安全危害的自动隔离和自愈能力。在网络生态系统中,网络设备具备对网络故障和破坏行为的自动隔离和修复能力,以及对其他网络设备被感染、被入侵的感知能力,并依据一定的策略隔离受感染设备,通知其他健康设备,从而有效阻止网络恶意行为影响的传播。

根据对网络生态系统概念内涵、组成和特征的分析,网络生态系统应具备以下基本属性:

(1)包容性或兼容性。包容性或兼容性表现为网络生态系统对网络结构、信息技术和服务机制变革发展的网络兼容和嵌入能力。根据对网络行动特点规律的分析,健康的网络生态系统应具有对不同类型应用背景下的网络设备和技术体制的兼容能力、军民融合机制下与民用网络设备的兼容能力，这些设备如信息智能电网和互联网寻址设备、基于新技术体制的网络控制设备等。

（2）有效性。有效性是指网络生态系统能够有效抵御不确定类型和强度的网络攻击与威胁，既包括和平时期的网络供给和威胁，也包括战时突发性的网络攻击和威胁。例如，基于供应链的网络攻击、恶意代码网络攻击、直接或间接的物理攻击以及持续性高强度攻击等。

（3）智能化。智能化是对网络生态系统的感知、共享和决策等行动过程的科学水平的描述，表现为网络生态系统能智能感知外界环境和系统内部环境，实时共享网络状态信息，通过智能决策对遭受网络攻击和威胁做出快速响应。

（4）合作性。合作性是对网络生态系统诸要素围绕统一目标开展攻击和安全防御的集体协作水平。例如，通过可配置的数字化策略，网络生态系统可实现对感知态势信息的多要素/单元共享。合作的层次和水平主要取决于客观环境的约束，以及根据能力任务需求形成的主观策略设计。

（5）安全和可用性。借助身份认证等措施和设置，网络生态系统能加强网络参与者的隐私保护，确保正常业务的稳定实施。同时，在安全可用的基础上，网络生态系统可借助成熟稳健的配置、组装、技术和操作，增强网络空间生态系统的实用性和可操作性。

从系统结构、功能和运用角度分析，网络生态系统的属性还可以进一步挖掘，表现为系统结构的完整性、系统功能的健全性和对复杂任务的适应性。

（1）系统结构的完整性。系统结构的完整性主要体现在网络生态系统的基础架构及其与外层环境的关系和具体性能，如诸要素的种类齐整度、生态链的完备程度、诸要素的内部协调能力及其对外部环境的适应度等，可以进一步表征为自动化能力、互操作能力、系统接入和身份安全验证能力。

（2）系统功能的健全性。系统功能的健全性主要用来表征系统对生态系统健康的功能要求，建立在系统结构的完整性基础上，包括网络生态系统自愈修复、主动响应和抗毁抗扰等，这些性能也是保证网络空间生态系统中信息获取、处理、加工和转发等信息流转质量的基础。

（3）对复杂任务的适应性。对复杂任务的适应性是对承载复杂业务需求和应对复杂安全威胁性能的综合表征，包括复杂任务承载和网络安全威胁条件下，网络生态系统对外部环境的适应能力、稳定性和抗干扰能力、系统遭受打击破坏之后的自组织重构能力、适应网络安全威胁过程中的承载业务能力的降阶和升阶水平等。

1.4　网络生态系统生态机理和动态演化

1.4.1　复杂系统、生态系统及其动态演化

复杂系统是指具有中等数目基于局部信息做出行动的智能性、自适应性主体的系统。一般而言，复杂系统还习惯性地界定为一种特定的思维模式，是人们在研究自然生态、人体、社会、经济和战争等学科时提出的一种思维。复杂系统特指那些所谓"1+1≠2"的系统，研究其每一个组成部分并不能得出整体性质，对系统的研究必须具备整体视角。复杂系统由很多子系统(subsystem)组成，这些子系统之间相互依赖(interdependence)，在协同作用中共同进化(coevolving)；与此同时，复杂系统的子系统还可以划分为多个层次，大小也各不相同(multi-level & multi-scale)。

从认知角度分析，复杂系统不同于基于牛顿科学理论的简单系统，是典型的非线性系统，具有因果关系不简单、结果不可重复、状态混沌等特点。借助国防大学胡晓峰教授在《战争科学论——认识和理解战争的科学基础与思维方法》中的论述，复杂系统具有适应性、不确定性和涌现性等三大特性，这三大特性也是理解复杂系统的关键。

首先是适应性。复杂系统之所以复杂，是因为其结构会根据环境发生改变，这种改变同步造就了复杂系统的适应性。复杂系统的适应性源于其子系统或各部分的自组织功能，各部分可以根据外在环境不断调整自己的行为，系统各组成部分之间的关系不断发生改变，引起系统结构的动态变化，系统的结构又决定系统的功能，而各部分的自组织行为汇聚在一起，就促成了系统的演化。系统内的元素或主体的行为遵循一定的规则，它们可以根据"环境"和接收信息来调整自身的状态和行为，并且主体通常有能力根据各种信息调整规则，产生以前从未有过的新规则。通过系统主体的相对低等的智能行为，系统在整体上显现出更高层次、更加复杂，可以更好地协调各部分职能的有序性。同时，复杂系统还具有"反身性"，即自己会影响自己所处的系统，这使得系统始终处于变化适应之中，产生复杂行为的众

多的相互作用使每个系统作为一个整体产生了自发性的自组织。

其次是不确定性。除了人类因为对事物本身、事物依存环境的认知欠缺产生的不确定之外，人类的自由意志是产生不确定性的重要因素。因为人具有自由意志，其行为总是处在不确定的变化当中，因此社会、经济、战争以及网络空间等人类主导的系统具有了复杂性。具体来说，不确定性可以分为四大类：① 随机不确定性，即事件本身确定，但是否发生不确定；② 模糊不确定性，即事件本身模糊，但发生是确定的；③ 灰色不确定性，即对有关信息了解得不够完全而产生出的不确定性；④ 未确知的不确定性，即认知不足带来的不确定性。这些不确定性是不能消除的，只能通过管理来控制。复杂性科学理论表明，一个确定性的系统中可以出现类似于随机的行为过程，它是系统"内在"随机性的一种表现，与具有外在随机项的非线性系统的不规则结果有着本质差别。对于复杂系统而言，结构是确定的，短期行为可以比较精确地预测，而长期行为却变得不规则，初始条件的微小变化会导致系统的运行轨迹出现巨大的偏差。而对于具有外在随机项的非线性系统，系统的演化规则每时每刻都不确定，因此，无论是长期行为还是短期行为都无法确定。

最后是涌现性。涌现是指系统内每个个体都遵从局部规则，不断进行交互后，以自组织方式产生出来整体性质的过程。涌现是复杂系统的重要特性，也是复杂系统追求的主要目标。复杂系统的特征就是元素数目很多，而且众多要素之间存在着强烈的耦合作用，其涌现主要靠内部的适应性、自组织交互而产生，涌现是一种"量变产生质变"的过程，反映了复杂系统的整体关联性。在复杂系统中，没有哪个主体能够知道其他所有主体的状态和行为，每个主体只可以从个体集合的一个相对较小的集合中获取信息，处理"局部信息"，做出相应的决策。系统的整体行为是通过个体之间的相互竞争、协作等局部相互作用而涌现出来的。最新研究表明，在一个蚂蚁王国中，每一个蚂蚁并不是根据"国王"的命令来统一行动的，而是根据同伴的行为以及环境调整自身行为，从而实现一个有机的群体行为。涌现通常以"雪崩"的形式来展现，这是由于复杂系统内部已经形成了剧变的条件，使得系统发生从高维向低维、从高势能态向低势能态转变的自组织演化。尽管涌现具有很强的随机性，但是同时具有层次性，其改变是一种"阶跃式"的过程，可以利用分层的方法展开研究，同步注意对整体的把握。

在诸多典型复杂系统中，生态系统是令人着迷的系统之一。生态系统具备极强的自我调节功能，能够在动态变化中不断进行演化，并保持生态物种的相对平衡。鉴于生态系统自身的复杂性，目前学术界对生态系统还没有统一的界定。在生态学理论，生态系统通常认为是在一定的时空范围内，生物之间以及生物群落与其环境之间，通过物质、能量和信息的流转和循环而相互联系、相互作用所形成的一个统一整体。生态系统是自组织的开放系统，具有整体性、动态性、自适应性、自组织性和协调性等特征。从要素组成分析看，生态系统包括非生物的物质和能量、生产者、消费者、分解者等多种成分。无机环境是一个生态系统的基础，其条件的好坏直接决定生态系统的复杂程度和其中生物群落的丰富度；生物群落反作用于无机环境，生物群落在生态系统中既在适应环境，也在改变着周边环境的面貌。各种基础物质将生物群落与无机环境紧密联系在一起，而生物群落的初生演替甚至可以把一片荒凉的裸地变为水草丰美的绿洲。生态系统各个成分的紧密联系，使生态系统成为具有一定功能的有机整体。生物与环境是一个不可分割的整体，这个整体就定义为生态系统。作为一个独立运转的开放系统，生态系统有一定的稳定性(生态系统具有的保持或恢复自身结构和功能相对稳定的能力)，生态系统的稳定性建立在生态系统的自我调节功能基础上。生态系统处于稳定状态，称为达到了生态平衡。生态系统抵抗外界干扰的能力即抵抗力稳定性，抵抗力稳定性与生态自我调节能力正相关。抵抗力稳定性强的生态系统有较强的自我调节能力，生态平衡不易被打破。

生态系统的运行依靠其内部的生存竞争机制、面向外部环境的反馈机制和自然选择机制，生态系统能够通过自我调节和修复，维护其稳定和平衡。其性质主要表现在以下六个方面：

（1）整体性，体现在生物和非生物关系的整体性和生物之间形成食物网的整体性。

（2）多样性，体现在生态系统的结构和类型的多样性、物种的多样性与遗传的多样性等。

（3）层次性，体现在食物链的递级秩序性。

（4）开放性。体现在食物网内部和外部之间的物质、能量和信息的交换。

（5）动态性，体现在物质、能量和信息在食物链和食物网中的循环型的传递、转化。

（6）自适应性，体现在系统通过其内部和外部自动地发生非线性相互作用。

此外，生态系统在运行过程中还存在以下三大特点：

(1)"生态演替"，即生态系统伴随着时间的推移，将从一种类型转变为另一种类型。

(2)"最小因子"规律，即处于临界点中的最小因子对系统的演替产生最大的影响。

(3)"多重利用和循环再生"，即生态系统和外部环境之间不断地进行着物质、能量和信息的交换，并由此促使其循环演化。

影响生态系统环境功能甚至影响系统自身稳定性的关键是生态过程，可以进一步分解为物质循环和能量流动两个过程，也是两个相互依存、相互作用的主要过程。生态系统的生态过程通常遵循一定的规则，并在规则的指引下持续进行，削弱这一过程或切断运行中的某一环节，都可能导致生态系统恶化甚至完全崩溃。能量流动是生态系统的重要功能，生态系统的能量流动推动着各种物质在生物群落与无机环境间循环。能量流动指生态系统中能量输入、传递、转化和丧失的过程。在生态系统中，生物与环境、生物与生物间的密切联系可以通过能量流动来实现。能量在生态系统中的传递是不可逆的，而且逐级递减，递减率为 $10\% \sim 20\%$。能量传递的主要途径是食物链与食物网，能量传递的过程同步确定了食物链与食物网的营养关系，能量传递到每个营养级时的去向也各不相同，如未利用(用于今后繁殖、生长)、代谢消耗(呼吸作用、排泄)、被下一营养级利用(最高营养级除外)。

复杂系统必然是动态系统，是与时间变量有关的动态系统。事物总是发展变化的，没有时间的变化，就没有系统的演化，也就谈不上复杂性规律。演化最早来源于生物学，在生物领域演化又称为进化，是指生物在不同世代之间具有差异的现象，以及解释这些现象的各种理论。对生态系统而言，进化过程也就是动态演化过程。演化的主要机制是生物的可遗传变异，以及生物对环境的适应和物种间的竞争。最具代表性的演化例证就是微生物与病毒的抗药性问题，如金黄葡萄球菌在 1943 年时仍可使用青霉素(盘尼西林)治疗，到了 1947 年就已经发现具抗药性的菌株。20 世纪 60 年代改用甲氧苯青霉素，同样因为抗药性菌种的散布，使得 20 世纪 80 年代改用万古霉素，2002 年时，已发现抗万古霉素的菌种。依据时间长短与差异程度，演化可分为"微观演化"与"宏观演化"。微观演化指几个世代中基因频率小范围的变化，如现今世界各地人类的差异；宏观演化指长时间的演化过程，如人类与灭绝祖先的关系。复杂性科学认为，系统宏观变量的大的波动，可能来自系统组成元素的小变化。为此，为了探讨复杂系统宏观变量的变化规律，必须研究它的微观机制。由于非线性机制的作用，研究过程中又不能将复杂系统进行简单分解，必须做到宏观与微观的统一考虑。

1.4.2 网络生态系统生态机理

机理是指事物变化的理由与道路。对于既定系统而言，机理是系统为实现某一特定功能，一定的系统结构中各要素的内在工作方式以及诸要素在一定环境条件下相互联系、相互作用的运行规则和原理。在化学动力学中，所谓"机理"是指从原子的结合关系中来描绘化学过程。机理与机制有很强的关联关系，但不同于机制。机制是指系统各要素之间的结构关系和运行方式，指有机体的构造、功能及其相互关系，机器的构造和功能原理。在社会学中，机制具有其独特的内涵，是在正视事物各部分的存在的前提下，协调各部分之间的关系以更好地发挥作用的具体运行方式。

生态机理建立在"生态"与"机理"概念的基础之上，不同学科领域对生态机理也有不同的认知和表征。在生态学领域，生态机理是指在自然界物种之间、物种与环境之间协调发展的运行规律和规则；在人体健康学领域，生态机理是指人体内部器官和组织之间、各器官和组织与体内环境及其体外环境之间协调有序的运作方式和规则。在军事领域，网络生态系统生态机理借鉴了生态学和人体健康学领域的概念，同时具有军事的特有属性。例如，作战体系的生态机理建立在特定结构和功能基础上，支撑作战体系"生态"的法规制度、行动规则和作战任务或指令，能够有效应对未知或不确定攻击，实现军事行动的高效统一、协同配合和稳定可靠。

网络生态系统生态机理是限定在网络安全领域的特定概念，目前国内外还没有严格的界定，需要借助于复杂性科学和复杂系统理论方法。复杂性科学，本质上是运用非还原论方法研究复杂系统产生复杂性的机理及其演化规律的科学。从复杂性科学的视角看，网络生态系统生态机理的核心是要解决网络生态系统产生复杂生态特性的机理及其演化规律。网络生态系统的复杂生态特性涵盖了一般复杂系统的复杂性和网络生态系统所独有的复杂生态性。网络生态系统的演化规律是网络生态系统维系生态状态和演化过程所遵循的运行规则和原理，是对一定的系统结构中各要素的内在工作方式以及诸要素在一定环境条件下相互联系、相互作用规则的界定。在网络空间这种人造空间内，人对网络生态系统的主观认知和生态过程的维系设计，更多表现为网络生态机制，对系统生态结构和过程的主动设计。网络生态系统生态机理有其特定内涵和组成，它借鉴了自然生态和生物体免疫健康理念，建立在对网络空间及其生态理念的系统认知基础上，包括网络生态系统的生态结构、映射和逻辑关系，以及相应的生态功能和作用规则，如网络生态系统内部诸要素之间的相互作用关系、系统与外界环境之间的作用关系、系统的动态运行规则。

总体来说，网络生态系统是通过系统中子系统和诸要素的共同作用，实现系统所在环境的安全可靠、网络系统或诸要素之间及其与外界环境之间的协调稳定运行和优化控制。基于此，对网络生态系统生态机理的研究，至少需要解决以下三个方面的问题：

（1）在系统运行方面，挖掘网络安全集体防御的本质特征，以适应复杂网络环境、抵御不确定网络威胁和提升网络业务承载能力为目的，形成集体防御下的动态运行规则。

（2）在要素联动方面，围绕集体防御下的网络生态系统诸要素间的协同作用关系，以增强系统诸要素的主动防御、自愈修复能力为目的，形成集体防御下的要素联动规则。

（3）在体系对抗方面，把握网络攻防博弈过程中网络生态系统与攻击方的动态对抗规律，以提高网络攻防博弈效益、制定优化攻防策略组合为目的，挖掘网络安全集体防御下的系统攻防体系对抗与优化规则。

网络生态系统源于网络安全集体防御理念，其动态演化过程本质上是网络生态系统或诸要素全方位、多层次和跨领域的联合防御行动过程。需要构建面向集体防御的网络生态支撑环境，科学的系统结构、功能和要素作用关系，以及多层级的动态演化规则。在军事领域，作战体系的生态设计需要聚集广泛高效的网络态势情报资源，建立基于多路径的"传感器-射手"自适应信息保障链路，提高实时多频谱全维态势感知能力，跨域协同精确控制能力、打击能力和保障能力，最大限度地发挥网络安全集体防御优势，提升作战体系应对不确定网络攻击的安全防御能力和以战斗力为核心的综合业务承载能力。

1.4.3　网络生态系统动态演化

复杂性科学认为，动态演化是认知系统在运行过程中由平衡动态和演化动态的相互交替以及二者的统一所表现出来的系列活动。网络生态系统动态演化是网络生态系统理论的核心内容之一，是研究网络生态系统的复杂性机理和行为规则，准确把握网络生态系统本质内涵和特征属性，建立科学的结构功能体系架构和动态演化规则，开展目标体系设计的基础，应遵循复杂性科学和复杂系统理论方法研究的基本规律。

开展网络生态系统动态演化研究，应坚持以下几点原则：

(1) 遵循复杂性科学和复杂系统理论中的整体性原则。如果可以将系统简单地理解为要素功能和要素间关系的和，那么对于复杂系统而言，要素间关系的重要性和复杂性要远大于复杂系统要素本身。对于网络生态系统而言，传统的针对简单系统的叠加原理已经失效，不能简单地把对象分成若干个小系统分别研究，然后进行叠加。网络生态系统中要素间的关系注定是网络生态系统理论研究重点，必须从总体上把握整个网络生态系统。

(2) 动态特性是网络生态系统复杂性及其演化的关键。网络生态系统是复杂系统，也是典型的与时间变量有关的动态系统。对于网络生态系统而言，系统结构、关系和性能的变化过程，同时也是对环境、目标和任务的动态适应过程，没有时域的生态变化，就没有系统的演化，也就谈不上复杂性。从复杂性科学分析，网络生态系统的复杂性建立在对网络生态系统动态演化的认知基础上，是网络生态系统生态主体及其与生态环境的动态博弈和适应性过程。

(3) 坚持宏观认知与微观认知相统一。复杂性科学认为，系统中宏观变量大的波动可能来自组成系统的一些元素的小变化。因此，分析网络生态系统这类复杂系统宏观变量的变化规律，必须熟悉它的微观机理。相对而言，由于复杂系统固有的非线性作用关系，网络生态系统又不能进行简单分解，必须首先在认知层面达成宏观与微观的统一。

(4) 必须坚持确定性与随机性相统一的过程研究。复杂性科学和复杂系统理论方法认为，一个具有确定性的系统中可以出现类似于随机的行为过程，它是系统"内在"随机性的一种表现，与具有外在随机项的非线性系统的不规则结果有着本质差别。对于网络生态系统而言，结构和关系短期内是相对确定的，短期行为可以比较精确地预测到，而长期行为通常会展示出不规则的特性，初始条件的微小变化会导致系统的运行轨迹出现巨大的偏差。

网络生态系统适应了现实网络安全需求，体现了集体行动下智能化和自动化防御理念，国内外对网络安全集体防御和网络生态系统都非常重视，目前已具有一定的理论基础和技术积累。但总体上看，围绕"网络生态系统"本身，尤其是网络生态系统动态演化主题，还有诸多且迫切需要解决的问题。例如，针对网络安全集体防御需求，健康弹性的网络生态系统到底是什么样的，其内部结构和要素关系又是什么样的？网络生态和自然生态都具有典型的动态特性，从宏观上看，网络生态系统应遵行怎样的动态演化规则？从微观上看，网络生态系统中的各要素应遵行怎样的动态演化规则？网络生态系统中各要素遂行集体防御行动时，如何通过行动的协同控制推动系统演化？如何界定网络生态系统是否"生态"或"健康"？这些需要解决的问题，总体上可以归纳为以下五点。

1. 网络生态系统的复杂结构和要素作用关系

科学的结构和要素作用关系是复杂系统实现复杂性功能的基础。对应自然生态系统的结构和要素行动规则，网络生态系统的结构及其内部关系又该如何设计？在具体设计中，需要借鉴互联网、信息物理融合系统、军事信息系统和自然生态系统的相关知识，突出网络安全集体防御理念，设计的系统结构和要素作用关系应能够满足特定的结构和功能需求。为此，还需要厘清一系列相关问题，如网络安全集体防御需求、网络安全集体防御行动机理；网络生态系统的结构设计与作用界定的依据，如在结构设计中采用"物理层-逻辑层-应用层"的一体化分层结构，在层级结构设计中定义"生态"所特有的映射和作用关系。

2. 网络生态系统的系统动态演化行为

整体性原则是复杂性科学和复杂系统研究的基本原则。网络生态系统，说到底，首先是基于集体行动的网络安全防御系统，网络生态系统动态演化应重点把握集体防御中动态演化的整体性，从系统层面分析网络生态系统的动态演化行为，在深度立体防御和动态、分级主动防御等先进理念和背景下，界定系统的"生态"状态和设计系统在不同状态之间升降级演化规则。事实上，科学的网络"生态"状态从来都不是非 0 即 1 的简单静止状态，即绝对安全状态或者绝对病毒感染毁伤状态，而是介乎 0 和 1 之间的亚健康状态。在动态演化过程中，系统应能够建立网络安全防御和业务承载能力需求间的动态博弈关系，调整网络状态，实现网络资源和性能的实时监控、优化决策和动态配置。从研究的角度来说，需要建立科学的"生态"状态架构,如信息共享、信息决策和要素协同等多维空间的"生态"状态架构,定义过程模型和能力评估模型,根据网络安全性能和业务承载能力需求博弈平衡,设计适应性动态演化博弈策略,实现网络生态系统的效能最优。

3. 网络生态系统的要素演化规则和稳定性

除了系统层面或宏观层面,网络生态系统动态演化还应重点关注系统演化的微观机理,从要素层面研究把握系统复杂性和演化规则。在具体的研究环节中,按照复杂性科学和复杂系统理论方法,综合分析网络生态系统和网络安全的集体防御策略和技术等问题。例如,对新型网络病毒传播与免疫机理,针对潜伏型病毒时滞网络演化的动力学建模与仿真分析;同时需要面对网络安全的多样性和网络病毒传播、免疫的新模式,如"零日"病毒攻击和病毒潜伏机制。要素层动态演化行为研究可以从网络病毒传播-免疫机理入手,分析不同网络病毒攻击防御技术和策略下的网络节点安全性,如增或减某类型网络节点,对特殊节点采取隔离和查杀,考虑节点增减、状态增加和状态转移关系复杂化和时滞等因素,建立病毒传播-免疫的动力学模型,求解模型的平衡点,运用科学定理(如李亚普洛夫定理和相关准则),分析模型的全局或局部稳定性及其影响因素,给出要素层面网络生态系统的动态演化规律,为现实环境中网络病毒传播-免疫机理分析和安全防御策略设计提供科学的免疫规则和技术参考。

4. 网络生态系统的行动同步与控制

网络生态系统的行动同步与控制主要针对动态演化过程中系统或要素的协同作用关系,是实现系统集体行动和集体防御的关键,弹性的网络生态系统应具备自适应的行动同步与控制机制以及实现自适应的能力。复杂性科学认为,复杂系统研究应坚持确定性与随机性相统一的原则,即使是确定性系统也可能出现类似于随机的行为过程,这种不确定性是系统"内在"随机性的一种表现。对于网络生态系统而言,除了系统"内在"随机性带来的不确定性问题之外,网络生态环境和外界的干扰因素增加了不确定性的复杂度。系统或要素行为同步与控制是达成复杂不确定条件下网络侦察、攻击、防御和指挥控制等网络行动一致性的前提,在具体的研究过程中,需要综合考虑网络结构类型和节点性质、相同或不同类型网络之间的作用关系以及外界网络攻击等因素造成的影响;需要明确集体防御下系统/要素协同作用关系和同步机理,建立与现实环境相一致的行为同步与控制动力学模型，综合考虑不同结构、耦合关系和不同干扰情况，分析网络同步的行为特征和关键影响因子，设计行动同步自适应控制器，为解决现实环境网络行为同步中存在的一般性问题提供科学的分析手段和实现技术参考。

5. 网络生态系统性能评估

借鉴对自然生态系统"生态"和生物体免疫性能评估，网络生态系统性能评估本质上是对网络生态系统"生态"状态和健康性的评估，建立在对网络生态系统"生态"和"生态"健康性的认知基础上，包括健康性度量准则、度量指标体系和度量方法等一系列评估理论方法问题。鉴于对网络生态系统内涵的不同界定，网络生态系统健康性度量也存在广义理解和狭义理解。狭义理解仅限于实体网络自身的健康性评估上，主要考察网络系统的鲁棒性、适应性和可恢复性；广义理解包含由实体网络延伸形成的逻辑网络和功能网络的性能度量，如战场 C4ISR 性能度量，态势感知网络、信息传输网络和指控系统的抗毁性和可靠性等问题。对网络生态系统进行性能评估需要参考可靠的设计依据，建立科学的评估理论和方法体系。例如，区分静态和动态过程，建立可信客观的指标体系，在度量实施时进行层次化建模，对于静态度量采取模糊综合的评价方法，对于动态度量采取贝叶斯方法，网络生态系统性能通过动静结合的方法综合给出。

1.5 网络生态系统发展和研究现状

1.5.1 国外发展和研究现状

美国最早提出网络生态和网络生态系统的概念，根据对国家网络安全需求分析和军事领域的战略设计，强调以政策驱动为先导的模式，实现相关领域理论研究和实践的逐步渗透和推进。早在 2002 年，美国 IEEE 会议中首次提出了"网络生态系统"的概念。2008 年 1 月，在第 54 号国家安全总统令中提出了"国家网络安全综合计划"，从政府层面强力推行"可信互联网连接计划"和"爱因斯坦系统"及"网络靶场计划"，旨在为美国网络及其安全防御提供健康的环境和物质基础。2009 年 5 月，奥巴马政府出台《网络空间政策审议报告：确保一个可信赖的有活力的信息与通信基础设施》，积极倡导网络安全责任机制以及事件响应与信息共享机制。2011 年 3 月，美国国土安全局出台《实现网络空间的分布式安全》，首次系统阐述了"网络生态系统"的概念,提出利用自动化集体行动建立弹性的网络生态系统。其后,美国政府先后颁布了《网络可信身份认证战略》《网络可信身份国家战略》,强调构建"弹性的网络生态",要求在政府部门率先落实。其中《网络可信身份国家战略》明确提出,建立一个以用户为中心的身份生态体系,其中的个人、组织、服务和设备可以相互信赖。2016 年 2 月,美国政府发布《网络安全国家行动计划》,针对打击网络空间恶意行为,强调提升个人网络和国家整体网络空间安全防御能力。2017 年 1 月,美国大西洋理事会发布《保卫网络的非国家性战略》,强调互联网防御性应占据主导地位(防御性>进攻性),重点是提高互联网的弹性和安全性。近年来,构建"弹性的网络生态系统"也已成为美国国防部高级计划研究局(Defense Advanced Research Projects Agency,DARPA)规划研究的重点,DARPA 明确提出通过建立弹性的网络生态系统,提升网络遭受攻击后的快速恢复能力。2017 年 4 月,DARPA 研发出了新型分布式网络安全防御体系,强调基于创新的"去中心化"网络技术,实现快速探测、响应网络攻击,封锁攻击路径并将网络攻击阻断、隔离在受损区域内,实现全网免疫防护。2018 年 9 月,特朗普政府发布《国家网络战略》,将"管控网络安全风险,提升国家信息与信息系统的安全与韧性"列为国家网络战略发展的主要目标。随着 5G 商用不断加速,美国对于争夺 5G 领先地位的焦虑感和紧迫感日益强烈。2019 年 4 月,美国国防部国防创新委员会发布了《5G 生态系统:对美国国防部的风险与机遇》(《THE 5G ECOSYSTEM:RISKS & OPPORTUNITIES FOR DoD》)报告,围绕"网络生态"主题,重点分析了 5G 发展历程、目前全球竞争态势以及 5G 技术对国防部的影响与挑战,在频谱政策、供应链和基础设施安全等方面提出了建议。

以美国为首的北约组织高度重视网络安全集体防御体系建设,围绕建立弹性的网络生态系统,积极探索集体防御策略。2002 年 11 月,北约在布拉格峰会上首次将网络安全防御纳入议事日程,并建立"北约计算机事故反应中心"。2013 年 6 月,北约首次召开网络安全国防部长会议,计划形成网络安全防御的全面作战能力。2016 年 6 月,北约首次承认将网络空间确定为正式的作战域,提出以集体行动的合作形式共同抵御网络恶意攻击。2017 年 2 月,北约举行"十字剑 2017"军事演习,检验部队在网络防御环境下的作战能力。2018 年 4 月,北约举行全球最大规模的"锁盾"网络防御演习,将"构建网络弹性,抵御针对关键基础设施的网络攻击"列为演习的重要目标。

在具体的技术和操作层面,美国国土安全局出台的《实现网络空间的分布式安全》首次阐述了生物学免疫机制与弹性的网络生态的基础关联,提出网络生态系统应具备自动化、互操作和身份验证等三种基础能力。近年来,信息物理系统和无线传感器网络快速发展,通信、计算和控制的一体化,新理念和新技术为网络生态系统的实现提供了理论和技术参考。例如,Jabeur提出构建基于无线传感网络的技术体系,强调运用技术手段提升网络的安全防御能力;Vollmer研究建立了自动化智能计算的网络安全监测传感体系,提出通过自动化技术提升网络安全防御能力。2014年,美国网络安全科学专家肖恩·赖利发表《What is a Cyber Ecosystem?》论文,文中网络生态系统被描述为一个包含15层的复杂模型。在军事领域,网络生态系统理念可以追索到C4ISR和网络中心战,美国国防部指挥控制研究项目组(Command and Control Research Programe,CCRP)和大卫·埃尔伯特在《权力边缘》(Power to the Edge)《敏捷性优势》(Agility Advantage)等著作中关于弹性健康的作战(指挥)体系的研究,如基于成熟度的作战指挥控制模式设计。为验证和推进国家网络安全防御能力,美国积极推进协作、信息共享和信任研究实验室(Experimental Laboratory for Investigating Collaboration,Information-sharing,and Trust,ELICIT)仿真验证平台建设,重点打造了网络靶场,开展"施里弗""网络风暴"等系列演习,从战场实战化角度研究探索国家和军兵种层面的网络安全防御能力。据报道,美国空军第24航空队目前已正式部署防御性网络,开启了基于分布式的网络监控和安全防御。2017年年初,美国陆军装备部就宣布组建新的防御性网络行动项目办公室,进而加强网络监管、分析、取证及任务规划等,提高针对性网络安全防御能力;同年2月,美国空军成立了"武器系统网络弹性办公室",重点负责在遭受网络入侵攻击条件下的武器系统适应性和防御能力。2018年8月,美国国防部公布了名为"统一平台"的网络武器系统,该系统可携带网络攻击和防御武器,被称为"网络航母",是美军为网络任务部队在网络空间执行作战任务打造的主战装备。

1.5.2 国内发展和研究现状

国内关于网络生态系统及其安全防御的研究起步稍晚,但发展迅速。"十二五"期间,国家就将网络安全列为重点研究领域,网络生态系统相关技术被纳入重大研究计划中。2011 年，我国互联网实验室发布了《2011 中国互联网生态报告——来自复杂性的挑战》一文，开启了国内网络生态研究的新篇章。2012 年 5 月，第十三届国家信息安全大会围绕"构建安全生态系统——新一代信息安全防护"主题，探讨了全新 IT(Internet Technology,互联网技术)环境下信息安全防御体系所面临的挑战及其应对策略，提出了立体预警防御体系和云时代安全等问题。2014 年 2 月，中央网络安全和信息化领导小组成立，网络安全迅速上升为国家战略的核心问题，构建弹性的网络生态环境也被列为网络安全和信息化建设的重要内容。在国家战略推动下，以阿里巴巴为代表的国内网络安全企业率先提出数据安全能力成熟度模型(Data Secuirty Maturity Model,DSMM)，用以构建数据安全生态圈。2015 年，中共中央网络安全和信息化委员办公室(以下简称中央网信办)发布了《解读"中国网络生态十大问题"》，《国家治理》周刊发表了《构建可信网络生态，维护国家信息安全》，从国家层面提出网络生态和可信网络生态构建问题。同年 5 月，国家出台"工业 4.0"战略，明确提出网络安全和网络生态问题是我国工业战略发展的研究重点；6 月，国家教育部发布《关于增设网络空间安全一级学科的通知》，增设"网络空间安全"一级学科，明确网络生态是网络安全基础研究领域的重要内容；10 月，第八届信息安全漏洞分析与风险评估大会在京召开，针对性设置了包括安全漏洞分析在内的多项网络安全技术研讨专题。2016 年，《人民日报》发表《修复网络生态，清新网络空间》一文，从网络传播内容角度提出加强网络伦理、网络文明建设，修复网络生态，净化网络语言，根除网络语言低俗化的"顽疾"。2017 年9 月，第五届中国互联网安全大会在北京召开，大会提出"安全态势感知、网络攻击防御能力、漏洞发现和防御能力、数据安全保障能力"四大网络安全防御基础能力，强调增强应对未来新型网络攻击的网络安全防御能力和快速恢复能力。2018 年 8 月，由中国互联网协会、阿里巴巴、蚂蚁金服、阿里云主办的安全峰会在北京国家会议中心开幕，围绕"共建网络防线，共治安全环境，共享安全生态"主题，工业和信息化部网络安全管理局阐述了构建良好网络生态环境的必要性，认为网络安全生态覆盖政府部门、制造厂商、网络运营者和用户等各主体，涉及设备、网络、平台和数据等各环节，需要各方共同努力，共同为网络强国建设营造良好的网络生态环境。

在网络生态系统的策略和技术层面，国内网络安全专家和团队做了大量研究工作。倪光南院士提出自主可控的网络生态，强调依靠自身研发设计，维护网络的自主、安全可控，不受制于人；沈昌祥院士提出可信计算构建主动防御的网络安全体系，强调网络计算可测可踪、资源配置和数据存储安全可信，在《网信军民融合》（2017 年 9 月刊）的《用可信计算构筑智能城市安全生态圈》一文中，提出要"坚持纵深防御，用可信计算 3.0 构建网络安全主动免疫保障体系，构筑起主动免疫的人工智能安全生态圈"；吴建平院士提出通过动态变化网络 IP（Internet Protocol，网络协议）地址以降低主机和路由器地址泄露风险；北京大学吴中海教授在云模型研究中，提出通过构建数据存储优化模型以降低存储系统数据泄漏威胁；北京邮电大学杨义先教授从网络安全攻防的哲学层面，提出网络安全基础理论；上海交通大学李建华教授从网络脆弱性方面，研究提出基于口令脆弱性和可信度的网络安全防御能力增强方法；电子科技大学秦志光教授从网络数据优化角度，提出增强文件存取效率的存储优化方案以增强网络抗毁性能。在军事领域，网络生态及其安全防御问题已成为军队信息化战略转型的重要议题。国防大学胡晓峰团队研究了对抗环境下网络攻防的"整体、动态、对抗"特性，提出了基于体系视角的网络动态效能方法系统；国防科技大学张维明教授和 C4ISR 重点实验室围绕网络"适应性、涌现性和不确定性"性质，研究网络攻防行动策略下的动态博弈与演化；苏金树教授针对网络安全信息基础设施的自主化设计，提出增强联网设备、骨干网络 CPU（Central Processing Unit，中央处理器）与操作系统的安全性；信息工程大学邬江兴院士提出了拟态计算机和可变性网络理论，研究运用拟态防御界、适用域和拟态防御等级等技术手段应对不确定的网络威胁。此外，部分网络安全和网络生态研究集中在实体网络（如互联网、企业局域网）及其信息服务安全性上，如网络和信息系统在安全方面的基本要求、管理规范和接口协议，实体网络和信息系统的具体功能和性能测试评估，无线网络自组织、网络路由中继优化策略、数据容灾和挖掘技术、蜜罐技术、动态入侵检测和动态目标防御技术等主动防御的网络安全技术。

第2章　网络生态系统的结构和演化规则

网络生态系统的结构和演化规则是网络生态系统内在机理及其动态演化的基础。本章结合网络安全集体防御行动特点，构建网络生态系统的概念模型、分层结构模型及其层级作用关系，提出网络生态系统演化的基本规则，从系统结构和演化规则入手，重点厘清"网络生态系统是什么"的问题。

2.1　网络生态系统结构设计参考依据

复杂性科学和复杂系统理论认为，复杂系统由很多子系统组成，这些子系统之间相互依赖，在协同作用中共同进化。复杂系统的子系统还可以划分为多个层次，大小也各不相同。复杂系统之所以复杂，源于纷繁复杂的系统结构和多类型多层次的要素构成，更多体现在其部分或要素之间关系的复杂上，这种关系不是简单的线性叠加，而是通过相互作用产生非线性的涌现效应，对复杂系统的细小部分改变往往会产生影响全局的效果。在生态学理论中，生态系统包括非生物的物质和能量、生产者、消费者、分解者等多种成分，是生物之间以及生物群落与其环境之间通过物质、能量和信息的流转和循环而相互联系、相互作用所形成的一个统一整体。生态系统特定的结构和要素作用关系，使得生态系统具有保持或恢复自身结构和功能相对稳定的能力，以及建立在自我调节功能基础上的动态稳定性。

网络生态系统的结构模型和演化规则是其内在机理和动态演化的基础，应遵循网络和系统结构设计的基本规律，瞄准网络安全集体防御功能需求，融合现实网络模型和应用网络发展新理念，如互联网＋、信息物理融合和军事信息网络系统集成。

网络生态系统源自网络空间、生态系统、网络安全集体防御等概念，其系统结构和演化也应体现相应的核心理念。具体而言，首先要参照网络空间经典概念和典型结构，如美陆军提出网络空间三层五要素结构，其中"三层"包括物理层、逻辑层和社会层等,"五要素"包括地理要素、物理网络要素、逻辑网络要素、自然人和网络虚拟人等;其次,网络生态系统具有自然生态和病毒免疫相似的安全防御能力,能通过集体防御、动态目标防御等方法主动防御多类型复杂攻击。另外,网络生态系统源于网络安全集体防御理念,这种集体防御通过多类型网络要素侦察、攻击、防御等任务分工协同,系统结构和演化也应体现共同抵御不确定性安全威胁和攻击的理念。

网络生态系统建立在既有的特定计算机或通信网络基础类网络基础之上,其系统结构和演化应具备相应的技术支撑基础。典型的计算机网络结构如基于 OSI(Open System Interconnection,开放式系统互联)参考模型的七层网络结构,其层内以网络协议为载体实现互联互通,层间通过路由等传输设备实现互联互通。通信网络结构模型针对通信网络之间互联、互通及其应用通信问题,自下而上可划分为网络接口层、网络互联层、传输层和应用层等四层。

网络生态系统具有针对性的功能属性及应用需求,相应的系统结构和演化规律应具有对应的功能和应用支撑能力。典型的军事信息网络通常可划分为物理网络层、信息逻辑层和作战应用层等三层,各层级"各司其职",相互影响、相互关联和相互作用,形成体系化作战的有机保障整体。作为中间层的"网络化指挥信息系统结构",强调网络中心理念,并依托通信基础网络支撑彼此嵌套相互作用的情报、指挥和武器控制等作战应用网络。在现实网络环境和具体应用中,网络生态系统在网络安全防御和业务承载两项基本功能中寻找科学决策的平衡点。

2.2 网络生态系统的基础架构与能力要素

按照分布式网络安全集体防御理念,网络生态系统应具备特定的基础架构和能力要素,这些基础架构和能力要素是开展网络生态系统结构和演化规则设计的前提。

2.2.1 基础架构

在分布式网络安全集体防御理论中,自动化、互操作和身份认证是实现网络生态系统的三大基础架构,三大基础架构之间存在相互支撑和依赖关系,分别从网络生态系统的运维过程、规范策略、安全认证和可信等方面阐述了网络生态系统的基本功能需求。

1. 自动化架构

"自动化"原是指机器设备、系统或生产过程在无人或尽量少的人直接参与下，按照相应的要求，通过自动检测、信息处理、分析判断和操纵控制等方法实现预期目标的过程。在军事领域，自动化架构一般是指为了提高系统反应速度、优化决策过程和完善安全配置而进行的相对固定的策略和规范。对于网络生态系统而言，采用相对固定的自动化行动策略，并配备灵活、全局、多层级的防御措施，可以在网络攻防过程中维持系统任务的正常实施，并同步提高系统免疫性。相应的行动方案本质上就是应对复杂网络情况而制定和实施决策的策略集合。另外，自动化的行动方案可以使网络防御的反应速度尽可能接近攻击速度，而不是依赖于网络安全防御人员的主观反应速度，以及情况上报、行动请示和命令下达等一整套复杂的人工应对流程。

借鉴公共卫生领域相关知识，网络生态系统的自动化架构应具备如下功能：

（1）侦察监视，具体包括实时收集、记录和统计网络安全威胁相关数据，可以为系统提供安全威胁信息的报告。

（2）信息传递，提供网络安全威胁传播及其危害性的相关数据和危险信息，便于系统为应对"软""硬"攻击采取预防措施和对策，并制定威胁防御预案。

（3）威胁分析，实时监控、诊断、分析网络安全威胁信息、漏洞和数据等，掌握网络安全威胁发生的原因、作用范围及影响程度。

（4）干预分析和建议，采取相应的防御措施预防网络安全威胁，并对防御措施效益或成本进行分析，制定最佳干预分析预案，提出合理建议。

（5）预防行动的协调，协调不同类型策略及其使用范围和使用时机。

从要素构成的角度看，相应的自动化结构中应包含监控单元、数据传输单元、网络威胁分析单元、干预分析建议单元和预防行为协调单元等结构功能要素单元。

与传统结构相比，自动化架构的优势明显。首先，自动化架构能够实现网络安全防御策略制定和实施的一致性，减少安全防御策略制定和实施间的中间环节，从而提高决策和行动的效率；其次，在网络安全防御过程中，能够以"机器的速度"应对攻击，快速地切入网络攻击的决策和行动过程，进而破坏或限制对手的攻击行动策略；另外，可以为网络安全防御方提供机器学习的决策平台，未来通过机器学习和"大数据"训练等手段，可以逐步形成针对性和实时性强的动态专家决策支撑系统，从而提高"自动化架构"的科学性和自适应能力；最后，"自动化架构"可根据安全威胁特点和自身需求，采用相对灵活的局部固定防御和集体行动防御，形成动态、全局、深度、立体的多类型防御策略。

2. 互操作架构

"互操作"是通信领域的专业术语，原指分布式控制系统设备通过相关信息的交换实现协调工作，以达到共同的目标，是一种"不同平台和编程语言之间交换和共享数据的能力"。"互"是指交互，具体是信息交互、数据交互，形成共享机制；"操作"是指本系统间的控制操作和多系统之间的联动操作，形成一套操作流程规范。在网络防御过程中，互操作能够提高系统信息交互共享、态势感知以及自主防御等能力，是一种策略化的定义，而不是技术限定；而互操作架构可以使得网络防御者准确协调并进行基于自主行为的网络社区动态防御。

在网络安全领域，互操作是实现分布式网络安全防御的重要基础，包括语义互操作、技术互操作和策略互操作等三个层面的内容。其中，语义互操作主要是行为表意的问题，表示信息收发者按照预约格式和标准进行信息传输处理和理解的能力，统一的格式和标准是信息传输处理和语义正确理解的基础；技术互操作主要是技术标准和规范的问题，表示不同技术之间以明确的定义为基础，广泛采用通信和数据传输标准接口；策略互操作是对业务流程的规范，是指网络成员之间进行信息传输、接收和确认的通用操作业务流程。三者之间相互作用、相互适应、相互影响，将网络成员整合到一个综合的网络安全防御体系中。如果从互操作性质和类型来分，互操作架构可以划分为语义互操作架构、技术互操作架构和策略互操作架构。

与传统的网络安全防御相比，互操作架构的优势在于如下几个方面：首先，互操作架构提供了对网络安全态势的快速呈现能力和对新技术新体制的兼容能力，尤其是信息物理系统等新型"感""控""联"一体智能系统的军事应用拓展。其次，在传统的网络安全防御体系中，许多硬件设备和功能软件(如防火墙、入侵检测系统、恶意程序防范软件等)都是独立运行的，相互之间既没有数据交换，也没有一致性安全策略设计。通过互操作架构可以提供多层次的语义、技术和策略的设计，从而提供一个一体化、自动化和立体深度防御的网络安全基础条件。另外，互操作在语义、技术和策略等三个层面上定义了三类"架构"，本质上是适应互操作能力需求的"规范"，解决了网络安全传统防御体系"联通""理解""深度挖掘"等根本性难题。

3. 身份认证架构

"身份认证"是指在计算机及网络系统中确认操作者身份的过程，通过身份认证确定该用户是否具有对某种资源的访问和使用权限，可靠、有效地执行计算机和网络系统访问策略，防止攻击者假冒合法用户获得资源的访问权限，以保证系统和数据的安全及授权访问者的合法利益。身份认证是防御网络资源的第一道关口，有着举足轻重的作用，其目的是确保操作者是合法用户，即操作者的物理身份与数字身份相对应。美国在 2011 年度发布的《网络可信身份的国家战略》中，将身份认证直接列为网络共享的基础，随后发布的《实现网络空间的分布式安全》中，进一步明确了识别身份验证技术的具体业务目标。

身份认证是网络安全防御的关键，能够提高网络系统设备安全隐私和决策可信度，并且可以通过增强用户隐私的方法实现网络用户的真实可信。在健康的网络生态系统中，身份认证实现了从网络用户到网络设备的扩展延伸，健康的网络生态借助身份认证技术，能够在确保自身隐私的前提下，更加全面地实现安全性、经济性、易于使用和管理性、可扩展性等业务目标。采用身份认证，加强网络生态系统对身份认证行为、方式的规范化管理，可以最大限度地降低身份窃取、欺骗的可能性，从而提高系统安全性能。对分布式网络安全防御而言，健康的网络生态应具备基于标准的设备验证方法手段，多层次全面保护用户、业务、信息和技术的隐私。因此，从管理职能和权限划分角度来说，身份认证架构应包含执行层身份认证、管理层身份认证和统辖层身份认证。

2.2.2　能力要素

自动化、互操作和身份认证等基础架构同步内嵌和孕育了基于健康结构的能力要素。

1. 全局多层级动态支撑的自动化防御能力

网络生态系统的自动化防御是通过系统全局多层级动态支撑下的局部自动化实现的，能够积极响应并统一决策制定和执行环节，以提高应对复杂情况的反应能力。网络生态系统各层级通过共享作战、指控各类信息保持作战行动协调一致，并通过网络环境全局动态同步支撑局部自动化防御；同时，网络生态系统各层级除了与外界的信息传递和同步外，还具备内同步能力，通过前向传递和后向反馈机制，可以实现网络生态的监视、数据传播、威胁分析、干预建议和行动协调，从而支撑自动化防御能力。

2. 语义、技术和策略相结合的互操作能力

网络生态系统的互操作能力是网络行为主体准确协调和动态实施网络攻防行动的前提。在信息物理系统、"人在回路"等理念和技术的支持下，互操作能力可以发挥网络行动主体的主观能动性，从根本上提升网络生态系统的作战体系动态组织、实时高效控制潜力。借助语义互操作、技术互操作和策略互操作相结合的方式，网络生态系统可以跨越设备、人员和组织的协作障碍，将不同的网络行动参与者整合在一个综合的网络系统中，为智能化自动化的网络决策和行动创造条件。

3. 多手段集成和跨网联动的可信身份认证能力

可信身份认证是网络生态系统安全保障的基本手段，它确保了网络行动用户真实可信，并强调以增强保护个人隐私的方式来实现，涉及网络行动的指战员、网络装（设）备等诸要素。身份认证主要采用匿名技术和验证机制，予以安全保护并加强隐私，通过密码、数字凭证和生物识别等方式实现，需综合考虑安全强度、成本可接受程度、易于使用和管理性、可扩展性以及互操作性。可信身份认证体系通常是针对特殊需求的多手段集成，在具体实施环节，身份认证系统要易于集成到新出现的和已部署的设备及应用软件中，便于进行跨网络和组织的交换与联合行动。

4. 基于异构网络的智能化检测诊断能力

自检测基于网络系统能力，是智能化和自动化属性通过自我检测、自我防御与自我性能提升，由表及里逐步提高和完善网络生态系统的健康性指标。基于网络生态系统各要素间的互联互通关系，系统的健康要素依托专家智库和级内、级间的全局多层级动态支撑，迅速检测遭受网络攻击和被感染的要素，及时发出警告信息，并停止接受或转发被感染要素的信息，以确保系统安全、有序、健康地运行。为适应现代作战体系网络互联和结构异构的特点，智能化检测诊断能力和相应的体系设计应充分汲取信息物理系统、云计算、大数据技术和"互联网＋"等新理念新技术，重点解决网络生态系统中固定有线体系与战术无线网动态铰链，以及基于不同技术协议、不同软硬件平台和多策略并存情况下异构网络的现实需求。

5. 基于体系协同柔性重组的弹性业务承载能力

业务承载是指传统物理空间和作战域的业务属性和指标，也是网络生态系统跨域作用能力的表征。在分布式网络环境中，网络生态系统通过体系层面的智能管控和系统层面的优化集成，可实现要素间的广泛有效协作；而通过体系协同柔性重组并结合网络系统自身状态和实际需求，可实现跨域的业务弹性承载。网络生态系统作为实现网络安全防御与业务承载于一体的系统，既要包括网络自身抵御不确定安全威胁的能力，又要包括基于网络要素行动的指控、感知和信息传输等业务承载能力。在未来战争中复杂战场环境和不确定背景下，网络生态系统能够根据作战任务、作战对象、作战节奏和综合环境的变化，灵活调整系统的物理和逻辑结构关系与要素构成，实现系统性能、功能的自适应动态降阶和升阶，进一步提升系统域内攻防能力和跨域业务承载能力。

2.3　网络生态系统结构模型

网络生态系统结构模型是根据网络生态系统诸要素的基本属性，及其在抵御网络安全威胁和承载网络业务过程中所具备的性能进行的层次化结构划分，建立在对网络空间安全、计算机网络和军事网络结构的系统认知基础上；同时，这种结构也决定着网络生态系统的功能，是开展网络生态系统生态机理及其动态演化研究的基础。

2.3.1　模型设计思路

网络生态系统属于网络安全主动防御系统，具有强烈的目标指向和应用背景。结合以上参考，可以从三个方面展开网络生态系统结构设计：

（1）总体结构设计，可借鉴军事信息网络结构，将网络生态作用域划分为物理层—逻辑层—应用层等三层；与此相应的网络生态结构空间，可参照网络空间结构分层和安全防御、业务承载两项基本功能要求，依次界定为物理实体空间—逻辑功能空间—业务承载空间。

（2）层内要素构成、任务和关系的界定建立在各层级功能任务需求基础上，总体上参考网络安全集体防御行动和网络生态的免疫机理对相关问题的需求和界定；应用层的具体设计，主要参照网络化指挥信息系统结构对应用网络的系统界定。

（3）层间关联和作用关系的界定，借鉴计算机或通信网络结构，结合网络生态的网络安全防御和业务承载需求的博弈联动关系，建立网络空间生态各层级间的关联映射和作用关系；层内和层间的技术连接和关联支撑，借鉴计算机或通信网络结构的层内层间协议和网络互联、通信连接规范。

2.3.2　分层结构模型

基于以上分析，建立以结构、功能和业务为核心，包含物理层—逻辑层—应用层的分层结构模型，如图2.1所示。其中，物理层侧重物理实体层面网络节点和节点链路；逻辑层在物理层基础上，是按照特定任务和功能需求设计的网络节点和节点连接；应用层在上层，界定网络承载业务和网络节点或链路业务承载能力需求。

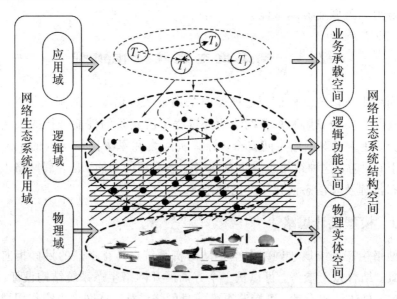

图2.1　网络生态系统的分层结构模型

物理层记为 $G^P = (V^P, E^P)$，处于最底层。其中：$V^P = \{V_1^P, V_2^P, \cdots, V_n^P\}$，为物理实体节点集合，包括网络化连接的各级各类指挥机构、作战单元，网管中心、网络管理平台、防火墙和计算机终端等信息节点，n 为网络物理实体数量；$E^P = \{E_1^P, E_2^P, \cdots, E_k^P\}$，为物理链路集合，包括光纤、无线电通信等链路，为上层提供计算、通信和存储等基础设施，k 为链路数。按照对网络生态系统要素组成的划分，物理层要素对应网络生态环境和网络生态主体两部分，网络生态环境包括相关网络基础设施、网络资源、网络技术和网络环境等，网络生态主体包括各类型在用和潜在的网络信息节点。

逻辑层记为 $G^L = (V^L, E^L, F^L)$，是按照任务规划和运维的网络生态要素和要素关系集合，包括具有特定任务和功能属性的网络化节点和节点连边。其中：$V^L = \{V_1^L, V_2^L, \cdots, V_m^L\}$，为逻辑网络节点集合，按照网络功能可划分为指控节点 V_{C2}^L、情报节点 V_{In}^L、攻击节点 V_{Sh}^L、感知节点 V_{Se}^L 和保障节点 V_{Su}^L 等，同时包括内嵌的网络访问控制设备、流量监控设备、漏洞扫描检测设备和系统补丁分发设备，m 为网络节点数；$E^L = \{E_1^L, E_2^L, \cdots, E_l^L\}$，为逻辑连边集合，$l$ 为信息连边数量；$F^L = \{F_1^L, F_2^L, \cdots, F_{l'}^L\}$，为逻辑层功能集合，对应不同逻辑节点和连接条件下的指挥决策支持、态势情报处理和武器协同控制等功能。按照对网络生态系统要素组成的划分，逻辑层要素主要对应网络生态主体，包括按照任务和功能关系关联在一起的信息生产者、传递者、消费者和监管者等。

应用层记为 $G^A = (T^A, C^A)$，在逻辑层上，界定为系统承载的业务和实现业务承载的能力需求集合。其中：$T^A = \{T_1^A, T_2^A, \cdots, T_h^A\}$，为系统承载的业务集合，$h$ 为业务数量。承载业务集合依据任务需求，按照一定的时序和逻辑关系形成，可以是并行任务的集合，也可以是串行任务的集合，也可以是两者兼而有之的混合型集合。$C^A = \{C_1^A, C_2^A, \cdots, C_u^A\}$，为系统完成业务承载所应具备的多类型能力需求集合，u 为能力需求的项目类型总数，如情报侦察和处理能力、网络安全防御能力、信息支援能力和火力打击能力等，在不同等级的网络行动中，对能力的具体划分也会显示出不同颗粒度下的差异。C^A 由逻辑层节点和链路的功能决定，理论上 F^L 需要满足 T^A 的业务需求，就应该使 $F^L \supset C^A$，即逻辑层提供的业务承载功能要不小于应用层的业务承载能力需求。对于某项承载业务 T_i^A，需要 C^A 中某项或多项能力共同完成，定义对应承载业务 T_i^A 的业务能力集合为 $C_{T_i}^A$（$C_{T_i}^A$ 为 C^A 的子集）。

2.3.3　层级作用关系

在网络安全集体防御行动中，网络生态各层级结构之间呈现动态耦合、非线性和多选择性等特点，通过相互间的映射关系相互关联、相互影响和共同作用，抵御不确定或蓄意网络威胁，提高网络业务承载能力。其各层级间的相互作用关系如图 2.2 所示。

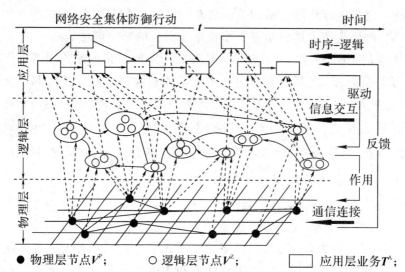

图 2.2　网络生态各层级间的相互作用关系

应用层 G^A 驱动逻辑层 G^L，表示应用层网络业务对逻辑层功能的映射，其映射关系矩阵表示为 M_{A-L}：$G^A \rightarrow G^L$。应用层业务 T_i^A 的能力需求集合 $C_{T_i}^A$，对应到逻辑层的功能集合 F_i^L（F_i^L 为 F^L 的子集），映射关系矩阵表示为 M_{A-L}：$T_i^A \xrightarrow{C_{T_i}^A} F_i^L$。令映射关系矩阵 $M_{A-L} = \{m_{A-L}^i\}$，$(i = 1, 2, \cdots, h)$，若 T_i^A 与 F_i^L 之间存在映射关系，则 $m_{A-L}^i = 1$；反之，$m_{A-L}^i = 0$。

逻辑层 G^L 作用于物理层 G^P，表示逻辑层节点依存并作用于物理层实体节点，逻辑层的单个或多个节点可对应于物理层的单个或者多个实体节点。具体而言，物理层单个实体节点 V_i^P 可对应逻辑层的一个或多个节点 V_{ui}^L（V_{ui}^L 为 V^L 的子集）；反之，逻辑层单个实体节点 V_j^L 也可对应物理层的一个或多个节点 V_{ud}^P（V_{ud}^P 为 V^P 的子集）。物理层节点和逻辑层节点之间互映射关系：定义逻辑层节点向物理层节点的映射关系为 M_{L-P}：$V^L \rightarrow V^P$，令 $M_{L-P} = \{m_{L-P}^{(i, j)}\}$，$(i = 1, 2, \cdots, m, j = 1, 2, \cdots, n)$，若 V_j^L 存在向 V_i^P 的映射关系，则 $m_{L-P}^{(i, j)} = 1$；反之，$m_{L-P}^{(i, j)} = 0$。定义物理层节点向逻辑层节点的映射关系为 M_{P-L}：$V^P \rightarrow V^L$，令 $M_{P-L} = \{m_{P-L}^{(i, j)}\}$，$(i = 1, 2, \cdots, n, j = 1, 2, \cdots, m)$，若 V_i^P

存在向 V_j^{L} 的映射关系，则 $m_{\mathrm{P\text{-}L}}^{(i,j)}=1$；反之，$m_{\mathrm{P\text{-}L}}^{(i,j)}=0$。

物理层 G^{P} 反馈应用层 G^{A}，应用层网络业务依靠物理层实体节点实施；同时，实体节点的动态变化也会影响和作用于应用层对应网络业务进程，这些进程可以是并行、串行和交叉等多种类型。物理层节点对应用层承载任务的反馈关系定义为 $M_{\mathrm{P\text{-}A}}:V^{\mathrm{P}}\rightarrow T^{\mathrm{A}}$。令 $M_{\mathrm{P\text{-}A}}=\{m_{\mathrm{P\text{-}A}}^{(i,j)}\}$，$(i=1,$ $2,\cdots,n,\ j=1,2,\cdots,h)$，若 V_i^{P} 与 T_j^{A} 存在映射关系，则 $m_{\mathrm{P\text{-}A}}^{(i,j)}=1$；反之，$m_{\mathrm{P\text{-}A}}^{(i,j)}=0$。

2.4　网络生态系统演化规则

网络生态系统演化规则是根据网络生态系统或诸要素安全运行、演化发展，及其抵御不确定性网络威胁、承载网络行动业务的基本能力的行动方式，建立在网络生态系统或要素运行、作用和演化的基础上。

2.4.1　系统运行规则

网络生态系统是由网络信息生产者、传递者、消费者和监管者等网络生态主体和网络生态环境组成的混杂异构系统，通过各子系统间的态势情报共享、协同作用，共同促进系统整体的优化运行。网络生态系统行动规则应充分挖掘网络安全和网络行动的本质，以适应体系化网络环境、完成网络行动任务和抵御不确定性网络攻击为目的，形成基于集体防御的网络生态系统运行规则。具体而言，系统运行规则是网络生态系统在集体防御行动中规范有序调控网络资源、实时动态配置网络要素单元和传输处理数据信息等的运维规则，包括成熟度规则、动态演化规则和循环反馈规则等。其中，成熟度规则以能力成熟度理论为基础，侧重网络生态系统的系统动态演化；动态演化规则以生物体成长规律为基础，侧重网络生态系统的要素动态演化；循环反馈规则以自然界或人体健康反馈原理为基础，侧重网络生态系统在防御体系中的动态反馈作用。

1. 成熟度规则

成熟度规则是指通过对网络行动指令的下达和操作，有序规范网络资源在复杂网络环境下调控使用的演化运维规则。结合软件组织生产的动态发展过程，网络生态系统成熟度可划分为初始级—已管理级—协同级—合作级—优化级等五个等级。在初始级，网络生态系统各子系统间处于相对孤立状态，没有信息的交互流通；在已管理级，网络生态系统各子系统间实现初步合理的运维管控，执行简单的作战任务和有限的信息资源管理；在协同级，子系统间进行局部的信息交互共享和信息资源的统一管控；在合作级，子系统间实现跨区域的信息交互共享，网络行动可实现跨区域协作；在优化级，子系统间实现全域的信息交互共享，任意行动单元可根据任务行动需要进行全域的信息交互共享，网络行动达成全域协同。

2. 动态演化规则

动态演化规则是指通过集体防御下网络结构的动态配置、网络要素的动态增减等，提高网络生态系统在集体防御行动中的可靠性和有效性的行动规则。以生物体发展成长规律为基础，动态演化过程可划分为萌芽期—成长期—成熟期—衰减期等阶段。在萌芽期阶段，网络生态诸要素性能较弱，易受敌对网络攻击，很难执行作战任务；在成长期阶段，网络生态诸要素性能有了大幅提升，承受网络攻击能力不断增强，能够有效完成预定作战任务；在成熟期阶段，网络生态诸要素性能的增长速率放缓并最终达到最优，承受网络攻击能力最强，能够有效完成预定作战任务；在衰退期阶段，网络生态诸要素性能受对手压制导致有所衰退，但在一定时期内将趋于稳定。

3. 循环反馈规则

循环反馈规则是指通过网络生态系统的集体防御，实现网络生态系统在集体防御行动过程中的信息处理、数据传输和能量传递的动态反馈的运行规则。以自然生态和人体健康反馈机理为基础，循环反馈过程可划分为健康期—感染期—恢复期—健康期等阶段。在健康期阶段，网络生态系统子系统相互关联、相互协同，实时检测并预防不确定网络攻击，系统防御最佳；在感染期阶段，网络生态子系统或单元检测到网络病毒信息入侵，并断开与病毒信息的通信连接，系统防御能力下降；在恢复期阶段，网络病毒得到清除，网络生态子系统或单元间恢复原有信息连接，系统防御能力不断提升；在健康期阶段，网络生态系统受病毒感染要素被替换，系统恢复到初始健康状态，防御能力达到最佳。

2.4.2 要素联动规则

网络生态系统的互操作、自动化、身份认证和智能化检测诊断等核心能力依赖于系统内部诸要素间的信息传递、动态联合,通过要素联动共同促进系统诸要素的整体协同和功能实现。网络生态系统动态演化,应围绕集体防御下的网络生态系统构成要素的联动协同关系,以增强网络生态系统诸要素的主动防御、自愈修复能力为目的,形成集体防御下的网络生态系统诸要素的联动协同规则。具体而言,要素联动规则是网络生态系统在集体防御行动中态势信息的交互共享、网络系统的安全防御和物质能量的自动化传递等联动协调规则,包括信息扩散规则、病毒免疫规则和行动同步规则等。其中,信息扩散规则是以网络安全集体防御理念为基础,侧重网络生态系统诸要素间实施信息传播扩散的规则;病毒免疫规则是以人体或病毒免疫机理为基础,侧重网络生态系统诸要素的网络安全防御规则;行动同步规则是以自动化和复杂网络同步为基础,侧重网络生态系统诸要素的信息、物质与能量的流通与协同规则。

1. 信息扩散规则

信息扩散规则是指通过网络生态系统多级多类要素间的信息流转,实现网络生态系统的信息交互共享的传播扩散规则。外界病毒侵入后,会依附于信息扩散渠道在系统要素间传播。根据病毒的类型和传播模式,APT(Advanced Persistent Threat,先进持续性威胁)等新型病毒的传播过程可划分为易感—潜伏—感染—修复等阶段。在易感阶段,网络生态系统诸要素间信息交互共享,但易受网络病毒攻击感染;在潜伏阶段,入侵网络病毒成功隐藏于系统中,网络病毒数量不断增多,网络未能检测出病毒;在感染阶段,潜伏病毒被激活启动并作用于相应网络节点,同时攻击感染网络其他节点,并使其携带病毒信息感染其他网络节点和要素;在修复阶段,网络安全集体防御开启,网络中受病毒感染的节点借助自身和网络资源进行修复,清除病毒信息,恢复网络生态系统诸节点和要素间的信息交互。

2. 病毒免疫规则

病毒免疫规则是指通过增强网络生态系统的体系化安全防御能力,提高网络生态系统多级多类要素的抗病毒攻击感染能力的安全防御规则。以病毒或人体免疫原理为基础,病毒免疫过程可划分为易感—潜伏—感染—隔离—免疫—易感等阶段。前三个阶段与信息扩散规则类似;在隔离阶段,网络安全集体防御启动后,网络生态系统中受网络病毒攻击感染要素断开通信连接，避免攻击感染其他网络节点；在免疫阶段，网络生态系统中受病毒攻击感染的要素进行自愈修复，网络生态系统诸要素在网络安全防御过程中具有抗病毒能力；在易感阶段，具有抗病毒能力的要素在网络安全防御过程中，由于其自身寿命或资源匮乏等因素导致抗病毒能力逐渐减弱，最终转变为不具有抗病毒能力的节点。

3. 行动同步规则

行动同步规则是指通过网络诸要素间在集体防御行动中相互耦合和外界驱动作用，实现网络空间战场诸要素信息、物质和能量具有相同的流通路径的协同规则。以自动化和复杂网络同步为基础，同步过程可划分为全局同步—局部同步—相同网络结构的同步—不同网络结构的同步等部分。局部同步，网络生态系统诸要素信息连通仅覆盖部分网络区域，网络生态系统诸要素的同步在该区域内达到行动同步；全局同步，网络生态系统诸要素信息连通覆盖整个网络区域，诸要素的同步在整个网络区域内达到行动同步；相同网络结构的同步，即结构、性质或功能相同的网络（可理解为同质网络），网络生态系统诸要素在该网络中实现行动同步；不同网络结构的同步，具有相异结构、性质或功能的网络（可理解为异质网络），网络生态系统诸要素在该网络中实现行动同步。

2.4.3 体系对抗规则

网络生态系统建立在复杂应用空间（如战场）的网络要素基础上，是围绕网络优势争夺展开的敌对双方动态体系对抗过程。网络生态系统动态演化，应把握网络攻防博弈过程中网络生态系统的动态对抗规律，以提高网络攻防博弈效益、制定优化攻防策略组合为目的，形成集体防御下的网络攻防对抗与优化机制。具体而言，体系对抗规则是网络生态系统在集体防御行动中优化攻防博弈效益和制定最佳行动决策等的对抗规则，包括动态博弈规则、均衡合作规则和优化决策规则等。其中，动态博弈规则以博弈论为基础，侧重网络攻防博弈"收益-损耗"规则；均衡合作规则以纳什均衡策略为基础，侧重网络攻防博弈最优化效益动态变化规则；优化决策规则以控制论、决策论为基础，侧重网络攻防博弈最优化决策。

1. 动态博弈规则

动态博弈规则是指通过网络敌我双方遂行攻防行动的动态博弈，实现网络安全和集体防御行动最优化效益的"收益-损耗"规则。以博弈对抗原理为基础，动态博弈可划分为攻击-防御强策略、攻击-防御弱策略、不攻击-防御强策略和不攻击-防御弱策略等形式。攻击-防御强策略形式，是指我方网络遇敌攻击，遂行集体防御行动并采取防御强策略，我方效益最优；攻击-防御弱策略形式，是指我方网络遇敌攻击，遂行集体防御行动并采取防御弱策略，敌方效益最优；不攻击-防御强策略形式，是指我方网络采取防御强策略但未遇敌攻击，我方网络安全得到保证，双方均没有获得效益；不攻击-防御弱策略形式，是指我方网络采取防御弱策略但未遇敌攻击，我方将更多效益用于其他性能的提升，我方获得效益。

2. 均衡合作规则

均衡合作规则是指通过组合网络生态系统子系统或单元攻防博弈效益，实现网络攻防博弈在集体防御行动中整体最优化效益的动态变化规则。以"囚徒困境"原理为基础，均衡过程可划分为均衡—失衡—动态监管—再均衡等阶段。在均衡阶段，网络生态子系统或单元的攻防博弈效益得到满足并进行交互合作，网络攻防博弈整体效益实现最优化和均衡；在失衡阶段，网络子系统或单元的攻防博弈效益因得不到满足偏离合作，网络攻防博弈整体效益最优化难以实现；在动态监管阶段，网络生态系统重新规范子系统攻防效益，使之实现交互合作；在再均衡阶段，在实现动态监管后，网络生态子系统或单元的攻防博弈效益再次得到满足并进行交互合作，网络攻防博弈整体效益再次实现最优化和均衡。

3. 优化决策规则

优化决策规则是指通过集体防御行动中网络生态系统诸要素的体系对抗行动的决策，实现集体防御行动和网络攻防博弈决策优化制定的规则，包括网络空间的域内行动决策和跨域行动决策。结合控制决策基本规律，优化决策过程可划分为形成初始决策—决策对比—决策协商—得到最终决策等阶段。在形成初始决策阶段，网络生态子系统根据网络攻防博弈需求，以获得最优化攻防博弈效益为目标，制定攻防博弈初始决策；在决策对比阶段，汇总对比各子系统的攻防博弈初始决策，并将不一致的攻防博弈决策进行备案；在决策协商阶段，以最优化效益为原则，对不一致的攻防决策进行优化讨论；在得到最终决策阶段，依据协商结果，得出能够满足各子系统有效收益的决策，实现网络攻防博弈的最优化决策。

本 章 小 结

本章以网络安全需求为牵引，分析了网络生态系统的基础架构和能力要素，结合网络安全集体防御行动的全方位、多层次和宽领域等特点，运用复杂网络理论和体系结构分析方法，构建了网络生态系统物理层—逻辑层—应用层的分层结构模型，界定了"应用层—逻辑层""逻辑层—物理层""物理层—应用层"等层次结构作用关系。在此基础上，从网络安全威胁和安全需求分析入手，提出了系统运行、要素联动和体系对抗等网络生态系统行动规则，从理论上研究了"网络生态系统是什么"的问题。

第3章 基于成熟度理论的系统动态演化

基于成熟度理论的系统动态演化，是以软件成熟度理论和方法为基础，研究网络生态系统的系统层面的演化问题。本章从网络安全集体防御和网络业务承载之间的博弈依存关系入手，提出网络生态系统的成熟度概念模型，结合体系作战理念，构建网络生态系统的成熟度分级模型，设计成熟度关键过程域及其升降级规则，建立网络生态系统成熟度能力评估模型，量化网络生态系统的成熟度动态演化，重点解决"系统如何演化"的问题。

3.1 系统动态演化的分级与规则问题

复杂性科学和复杂系统理论认为，复杂系统必然是动态系统，是与时间变量有关的系统，事物总是发展变化的，没有时间的变化，就没有系统的演化，也就谈不上复杂性规律。复杂系统总是在不断地动态变化的，复杂系统动态变化源于系统中各要素的有规则或者随机性自组织行为，这种动态变化推动着系统不断向高阶或者低阶进行演化。复杂性本质上是一种关于过程的科学而不是关于状态的科学，是关于演化的科学而不是关于存在的科学。在生态系统中，演化的主要机制是生物的可遗传变异，以及生物对环境的适应和物种间的竞争，各种生物之间以及外部环境总是在作用与适应之间不断循环，生态系统的运行依靠其内部的生存竞争机制、面向外部环境的反馈机制和自然选择机制，通过自我调节和修复，维护其稳定和平衡。与此同时，生态系统长期处于动态平衡、螺旋上升的演化过程中。

按照复杂性科学的整体性和动态性原则，网络生态系统研究应从系统层面解决系统动态演化问题。在具体的研究中，结合网络行动和网络安全集体防御特点，借鉴复杂系统和生态系统演化理论，理清网络生态系统动态演化的前导诱因、制约因素和演化的运行规则，关注以下两个基础性问题：

（1）对网络生态系统中"生态"的状态界定。现实中的网络安全状态不是简单的安全与不安全的非 1 即 0 问题，与对自然生态和生物体健康状态的认知相似，网络生态状态应描述为连续函数，或用多阶段离散函数来界定。基于这种状态界定，才能够实施网络生态的演化设计，才能够积极应对复杂网络攻击和威胁，适时动态调整和优化生态的状态等级。

（2）网络生态系统的演化过程应建立在科学决策基础上，需要做到需求均衡兼顾和过程动态优化。网络生态系统面临着网络安全防御和业务承载的双层需求，对于既定网络生态系统而言，这两种需求之间存在博弈关系。也就是说，现实中的网络安全防御能力与业务承载能力在短期内往往是此消彼长的，如通过对网络中核心节点进行隔离提升网络安全防御能力，但是会同步降低网络互联互通率和业务承载能力。在系统动态演化过程中，健康的网络生态系统应能够兼顾两者之间的关系，根据现实环境变化和具体任务需求，做出某种倾向性选择或平衡决策。这种"动态优化"实际上就是寻找网络生态系统在业务承载和安全防御中的"平衡度"。在本章的研究中，为解决网络生态系统动态演化的状态和程度的问题，借用软件领域的能力成熟度理论和方法，研究网络安全防御能力与网络业务承载能力之间的动态平衡关系，借用"成熟度"表示系统动态演化的"度"，网络生态系统不同的成熟度对应着相应的网络安全防御能力和网络业务承载能力。

成熟度起源于对软件组织生产的效率和质量的衡量，用于衡量软件组织生产软件过程的规律性和成熟性，体现软件生产的效率和质量，为软件机构设置和项目实施过程提供阶梯式递进的模型框架，广泛运用于对实体行动的规律性和发展程度决策评估，如工业企业的组织生产和行动集团的成熟度评估过程。对网络生态系统而言，网络生态的成熟度是以软件生产能力成熟度为基础，用以描述网络生态健康状态的演进程度。网络生态的成熟度设计，可通过综合衡量复杂网络各层级作战单元、信息流转关系和指挥层级关系的相互关联程度，根据外部的网络安全威胁、网络行动任务和业务承载能力，灵活设置网络生态系统的成熟度等级，并根据网络安全威胁感知预测和业务承载能力需求等变化，建立动态自适应的演化规则。

在网络生态相关领域，相关研究主要集中在结构设计和技术优化层面，如基于地址驱动的网络体系结构的优化设计、网络安全信息基础设施的数据优化、网络脆弱性评估和安全技术优化。在成熟度应用领域，相关研究主要集中在成熟度的评估和测试层面,如基于软件测试进程的能力成熟度建模及评估、基于商业智能的成熟度评估设计、基于信息通信管理的成熟度评价体系设计。在此基础上,成熟度逐渐进入军事体系的建模和评估领域,如武器系统发展设计过程中的成熟度建模、指挥控制的能力成熟度建模、基于 S曲线的武器装备技术成熟度等级划分及评估、武器装备体系的成熟度建模及其等级评估。关于网络生态系统的成熟度研究,目前主要集中在概念和机理层面。例如,美国在 2011 年国防防务报告中首次系统阐述了网络安全集体防御的自动化、互操作和身份认证机制,提出了能力成熟度的聚焦收敛等概念和系统认知,并构建了不同网络环境下聚焦收敛的三维架构;Albert 在军事体系指挥控制研究中,就网络业务承载和网络安全等问题给出了系统的弹性、敏捷性分析,提出了基于能力成熟度的组织结构参考模型,构建不同成熟度等级的组织结构关系;此外,美国国防部指挥控制研究项目组还围绕网络生态和指控效能分析,提出了基于网络赋能的指挥控制能力成熟度模型,并针对信息的分发和有效程度提出了成熟度建模的三维评价标准。

结合网络安全集体防御需求,本章应用成熟度理论和建模方法,研究提出网络生态系统的系统动态演化模型和规则,主要内容包括:

(1)系统动态演化的成熟度概念模型和分级模型。结合网络行动特点和安全分级要求,按照能力成熟度的聚焦收敛概念及其三维架构,建立网络生态系统的成熟度概念模型,不同成熟度等级对应不同的网络生态系统结构和要素作用关系,按照能力成熟度的网络组织结构关系,构建成熟度分级模型。

(2)系统动态演化的关键过程域与升降级规则,按照成熟度理论和方法,界定系统动态演化的关键过程域,提出自适应演化与指令演化相结合的混合演化规则。

(3)系统动态演化的能力评估。针对不同成熟度等级性能差异,按照能力成熟度的指控效能三维评价标准,构建成熟度三维性能评估模型,并结合事例给出仿真分析。

3.2　成熟度基本理论

3.2.1　成熟度模型

成熟度模型的代表是能力成熟度模型(Capability Maturity Model,

CMM），由美国卡内基梅隆大学软件过程研究院研发，主要用于衡量软件组织生产软件过程的规律性和成熟性，体现软件生产的效率和质量，为软件机构设置和项目实施过程提供阶梯式递进的模型框架，主要应用于软件工程、硬件工程和系统工程等领域。成熟度模型是对系统运行和发展综合研究应用的结果。在系统的发展过程中，随着时间的推移，系统能力得到不断发展，最终达到成熟阶段。成熟度模型对系统发展的不同阶段具有详细、标准的定义，且根据发展阶段所处能力的不同划分不同的层级。具体而言，根据各发展阶段的运行发展状况与所预期标准的差异，确定成熟度等级；并针对各阶段与预期标准的具体差异，确定改进的方向。

在构建成熟度模型的过程中，应具体把握成熟度的如下相关特点：

（1）模型表现了系统由低级到高级不断升级变化的发展趋势，且最低级表明了系统处于混乱、无序状态，等级越高，系统越有序。

（2）模型简化了系统的具体演变过程，将其抽象为几个等级，且等级之间具有鲜明的发展路径。

（3）在系统发展过程中，由低等级发展到高等级的过程中，每个等级都发挥着至关重要的作用，每个等级都是整个发展过程中必不可少的环节。

（4）模型等级的界定具有相关的标准，在系统的发展过程中，必须满足相应的标准才能到达相应的等级。

（5）在模型的等级划分过程中，系统的发展本质上是一个持续改进，且不断优化完善的过程。

3.2.2 成熟度分级

成熟度可具体划分为五个等级，每一等级都是系统性能持续跃升的递进平台，等级跃升的同时也都推动着系统性能的持续提高。系统成熟度等级之间的相互递进、相互关联关系，体现了系统性能由低级—中级—高级逐级跃升的演进过程。其成熟度等级对应系统性能及对不同环境和任务能力的适应程度。具体而言，成熟度可分为如下五个级别：

（1）初始级（第 I 级）。在该等级，系统成熟度处于最低级别，且系统处于无序状态，系统诸要素之间、要素与外界环境之间没有任何信息交流，处于孤立状态，系统各要素是一个独立的个体单元，其所需资源和能量来源于系统要素自身。

（2）已管理级（第 II 级）。在该等级，系统性能成熟度处于分区域划分管理阶段，系统诸要素之间解除相对无序、冲突状态，系统软件、设备的配置按照作用区域实行监督管理。同时，由于系统各区域资源、能量有限，实行区域按需分配，且系统各要素之间的信息交互共享和互联互通受到限制。

（3）执行级（第Ⅲ级）。在该等级，系统性能成熟度处于初级互连互通阶段，系统打破按区域分配的状态，系统诸要素能够进行组间信息交流共享，系统资源实行统一管理。同时，系统各要素之间能够进行简单的互连互通，并进行意图共享和语义互操作。

（4）度量级（第Ⅳ级）。在该等级，系统性能成熟度处于完全互连互通阶段，且系统已由执行级跃升为度量级，系统在语义共享的基础上达到了策略共享状态，系统诸要素能够实时进行信息交互共享，同时度量系统信息收发的质量，并对系统信息流程进行合理分析和改进，实现安全策略和技术策略共享。

（5）优化级（第Ⅴ级）。在该等级，系统性能成熟度处于自动化同步阶段，且系统已由度量级跃升为优化级，系统信息交互和谐有序开展，信息收发质量达到预定要求，系统结构、功能和效能在此阶段达到最佳状态。

3.2.3　指挥控制能力成熟度模型

指挥控制能力成熟度体现了指挥控制方法或者指挥控制体系具备的水平和能力，也表明了一个指挥控制过程能力的增长潜力。以美国和北约组织等为代表的外军非常重视指挥控制能力成熟度的研究。2005 年，北约研究分析与仿真委员会（NATO Research and Technology Organisation Studies，Analysis and Simulation，SAS）下属的 SAS-065 研究工作小组公布了指挥控制（Command and Control，C2）概念参考模型，在此基础上，于 2009 年又公布了网络赋能指挥控制成熟度模型（Network Enabled Command and Control Maturity Model，N2C2M2）。该模型用个体、集体等概念来描述参与特定军事组织遂行指挥控制活动的各种作战单元和决策机构，通过定义一组变量来描述组织之间的结构，即在不同实体的集合（或称为"集体"）之间进行交互作用和传递信息的模式，这些实体的集合共同完成复杂的指挥控制活动，在指挥控制过程中，某些实体可能会把决策权转交给集体。该成果分别从信息域、认知域和社会域建立三维空间坐标，其中，信息域是提取、加工、处理和存储信息的区域，在此域内，信息可以共享，作战意图和计划被传送，包括信息系统、处理设备和传输网络等；认知域是完成感知、认识、理解、推断和决策等认知活动的区域，它存在于决策者和参与者的头脑中，同时也是价值、信念和决心的驻留之地；社会域是组织、指挥控制体系、个体和个体、个体和设备之间关系存在的区域。

N2C2M2 具体的三维坐标系分别是成员中共享信息程度（信息域）、成员分配权力程度（认知域）以及组织成员的合作程度（社会域），定义了集体可能实践的五种 C2 方法（冲突型 C2、集权型 C2、合作型 C2、协同型 C2、边缘型 C2），并且描述了集体 C2 成熟度和敏捷性，即集体有能力选择、适应并使用适当的 C2 方法的能力，来应对作战环境的复杂性和不确定性所构成的挑战，满足必需的响应要求。

冲突型 C2 是针对单元而言的，集体由多个单独的作战单元、指控单元和信息感知单元构成，每个小组由一个指控单元（组长）、多个作战单元（组员）以及信息感知单元（小组网站）构成作战小组，小组内每个组员被指派一个不同的作战任务，各自负责自己的任务，组员与组内其他组员之间不能共享信息。集权型 C2 是针对小组而言的，小组负责特定类型的任务，组内的成员之间、组员与组长之间有信息共享，组长给组员下达任务，组长具有绝对决定权。合作型 C2 是针对集体而言的，小组之间可以通过组长达到信息交互，组长在决定命令之前，通过对其他小组任务执行情况的了解分配任务，但组与组之间的交互只依赖于组长。协同型 C2 在合作型 C2 基础上增加了协调单元（协调员），协调员可与组长共享信息，并对各个小组作战任务完成情况有所了解。通过协调单元与各组组长之间以及组长与组长之间共享信息片段，为各组组长提供适当的权利了解其他小组任务执行情况。边缘性 C2 即各个小组之间都达成信息共享，协调员也能对各个小组组长、组员及信息感知单元进行信息共享。

研究表明，N2C2M2 对指挥控制方法的改革和指挥控制手段的完善有促进作用，有助于提升针对不同使命任务的军队指挥控制能力。然而，N2C2M2 模型的主要缺点在于缺少模型构建的过程控制分析和要素的定量描述，有效地构建完善指控模型有利于正确评估指挥控制能力成熟度，提高遂行多样化任务过程中的指挥控制综合效能。

3.3 系统动态演化的概念模型和分级模型

在分析网络安全威胁和网络业务承载之间的博弈依存关系基础上，运用复杂网络和成熟度理论，构建网络生态系统的成熟度模型，并在此基础上建立网络生态系统的成熟度分级模型,是分析网络生态系统的成熟度演化规则的基础。

3.3.1　概念模型

　　网络生态系统成熟度建立在能力成熟度的基础上,用以描述网络生态状态的演进程度。网络生态系统成熟度依赖于网络生态系统诸要素间及其与外界环境间的相互协同。记 $CEM = \{CEM_1, CEM_2, \cdots, CEM_i, \cdots, CEM_n\}(1 \leqslant i \leqslant n)$ 为网络生态系统成熟度分级集合,CEM_1 为网络生态系统成熟度最低等级,CEM_n 对应网络生态系统成熟度最高等级。网络生态系统成熟度与抵御网络安全威胁和业务承载能力需求密切相关,是网络生态系统在集体安全防御中指挥决策、相互协同和信息流转等行动共同作用的结果。指挥决策关系决定集体防御行动的决策权限,归结为信息决策问题,用信息决策指标 D_m 表示;相互协同关系属于网络生态诸要素间的协作同步作用问题,用要素协同指标 C_o 表示;信息流转关系属于网络诸要素间信息共享问题,用信息共享指标 S_h 表示。基于此,根据成熟度等级划分原理,建立网络生态系统的成熟度模型,如图 3.1 所示。实际行动中指挥决策、相互协同和信息流转之间存在一定的内在关联性,图 3.1 用独立维度呈现指挥决策、相互协同和信息流转,是为了便于解释网络生态系统成熟度概念。

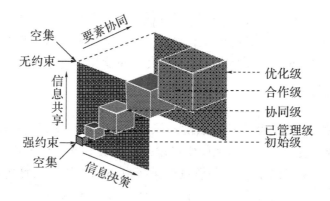

图 3.1　网络生态系统的成熟度模型

1. 信息决策

　　信息决策表示网络生态系统诸要素根据不确定网络威胁或网络突发情况,在遵循特定规则下而自行采取相应网络安全集体防御行动,执行网络业务。网络生态系统诸要素获取的决策权限越广泛，抵御不确定或蓄意网络攻击的效率越高，网络生态系统的时效性、精确性和安全性也越强，成熟度等级越高。定义 $\boldsymbol{f}^{Dm} = \{0, f_1^{Dm}, f_2^{Dm}, f_3^{Dm}, f_4^{Dm}\}$，$(0 < f_1^{Dm} < \cdots < f_4^{Dm} \leqslant 1)$ 为信息决策程度，0 对应初始级下限，f_1^{Dm}、f_2^{Dm}、f_3^{Dm}、f_4^{Dm} 分别对应已管理级、协同级、合作级和优化级的下限，同步对应前一等级的上限。

2. 要素协同

要素协同表示网络生态系统诸要素间以承载同一网络行动业务或抵御网络安全威胁为目标，遂行协作、优势互补等网络安全集体防御行动。网络生态系统诸要素间相互协同程度越广泛，网络生态系统遂行集体防御能力越强，相应的网络抗毁性和自愈修复能力越强，成熟度等级越高。定义 $\boldsymbol{p}^{Co} = \{0, p_1^{Co}, p_2^{Co}, p_3^{Co}, p_4^{Co}\}$，$(0 < p_1^{Co} < \cdots < p_4^{Co} \leqslant 1)$ 为要素协同程度，0 对应初始级下限，p_1^{Co}、p_2^{Co}、p_3^{Co}、p_4^{Co} 分别对应已管理级、协同级、合作级和优化级的下限，同步对应前一等级的上限。

3. 信息共享

信息共享表示网络生态系统诸要素间通过边连接关系进行信息的互联互通、交互共享，以实时、精确和全面的态势信息，确保网络安全集体防御行动的有效实施。网络生态系统诸要素间信息共享约束越小，其遂行网络安全集体防御行动的能力越强，获取信息的精度、质量越高，成熟度等级越高。定义 $\boldsymbol{g}^{Sh} = \{0, g_1^{Sh}, g_2^{Sh}, g_3^{Sh}, g_4^{Sh}\}$，$(0 < g_1^{Sh} < \cdots < g_4^{Sh} \leqslant 1)$ 为信息共享程度，0 对应初始级下限，g_1^{Sh}、g_2^{Sh}、g_3^{Sh}、g_4^{Sh} 分别对应已管理级、协同级、合作级和优化级的下限，同步对应前一等级的上限。

3.3.2 分级模型

结合对网络生态系统的成熟度系统认知和复杂网络理论，研究网络生态系统的成熟度分级。根据美国学者埃尔伯特关于网络能力成熟度分级模型的分析，以及国内学者姜志平关于网络中心化指控成熟度等级的评估，网络生态系统成熟度等级的动态演化过程可以按照网络行动单元的数量、信息连接和信息流转关系进行判定。在图 3.1 网络生态系统的成熟度模型基础上，分析网络生态系统各成熟度等级的动态演化过程。定义网络生态为 $\mathbf{CE} = (\boldsymbol{V}, \boldsymbol{E}, \boldsymbol{C})$，其中 $\boldsymbol{V} = \{v_1, v_2, \cdots, v_n\}$，为节点集，分为指控节点 V^{C2}、感知节点 V^{Se}、保障节点 V^{Su}、攻击节点 V^{Sh} 和情报节点 V^{In} 等五种类型；$E = \{e_1, e_2, \cdots, e_m\}$，为信息链路集，表示节点间的通信连接关系；$C = \{c_1, c_2, \cdots, c_k\}$，为信息流集，包括行动流 C^O、任务流 C^{Ta} 和情报流 C^{In}。

第 I 级：初始级。网络行动单元的信息决策、要素协同和信息共享的程度最低，行动单元间的交互合作仅限于子网内部，各子网之间相对孤立，系统处于无序混乱状态。如图 3.2 所示，子网由三个作战单元（V^{Se}、V^{Su} 和 V^{Sh}）、一个指挥机构（V^{C2}）和一个情报中心（V^{In}）组成，情报中心根据作战单元的任务和需求分发相应的态势信息，指挥机构可获取情报中心的所有态势信息，并根据各作战单元的任务和需求下达相应的作战任务，完成预期网络行动。

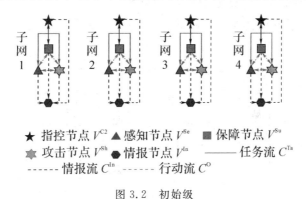

★ 指控节点 V^{C2}　▲ 感知节点 V^{Se}　■ 保障节点 V^{Su}
⬟ 攻击节点 V^{Sh}　⬢ 情报节点 V^{In}　——— 任务流 C^{Ta}
------ 情报流 C^{In}　----- 行动流 C^O

图 3.2　初始级

第 II 级：已管理级。网络行动单元的信息决策、要素协同和信息共享的程度相对初始级有所提升，网络中区域相邻或任务相近的子网之间进行信息交互共享，由于子网资源、能量有限，实行资源、能量的按区域分配。如图 3.3 所示，子网中的指挥机构与其相邻或任务相近的子网的指挥机构建

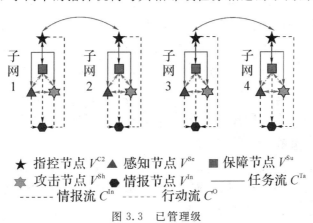

★ 指控节点 V^{C2}　▲ 感知节点 V^{Se}　■ 保障节点 V^{Su}
⬟ 攻击节点 V^{Sh}　⬢ 情报节点 V^{In}　——— 任务流 C^{Ta}
------ 情报流 C^{In}　----- 行动流 C^O

图 3.3　已管理级

立信息连通关系,但该子网的指挥机构无法获取另一子网中情报中心的态势信息,只能通过另一子网的指挥机构获取相关态势情报,执行预期网络行动。

第Ⅲ级:协同级。网络行动单元的信息决策、要素协同和信息共享的程度在已管理级的基础上得到提升,网络中各区域相邻或任务相近的子网之间打破资源按区域分配的状态,建立信息连接关系的各子网之间进行信息交互共享,并实行资源、能量的统一管理。如图3.4所示,子网中的指挥机构在与其相邻或任务相近的子网的指挥机构建立信息连通关系的基础上,还能够获取该子网的情报中心的态势信息,从而实现子网跨区域间的任务协同。

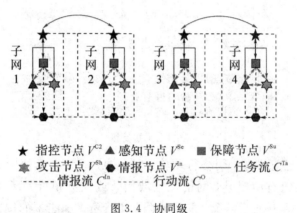

★ 指控节点 V^{c2} ▲ 感知节点 V^{se} ■ 保障节点 V^{su}

✦ 攻击节点 V^{sh} ⬢ 情报节点 V^{in} —— 任务流 C^{Ta}

------ 情报流 C^{In} ----- 行动流 C^{O}

图3.4 协同级

第Ⅳ级:合作级。网络行动单元的信息决策、要素协同和信息共享的程度得到更进一步的提升,网络中的子网不再局限于与区域相邻或任务相近的子网之间进行信息共享,而能够实现跨区域子网间的信息交互共享。如图3.5所示,子网中的指挥机构能够与网络中所有子网的指挥机构建立信息连接关系,且能获取各子网情报中心的态势信息,作战单元可根据任务需要获取与其所在子网任务相近的情报中心的相关态势情报信息,从而实现各子网间的合作。

第Ⅴ级:优化级。网络行动单元的信息决策、要素协同和信息共享的程度提升到最高等级,各子网间消除差别、冲突和限制,形成一个互联互通的"巨大子网",如图3.6所示。

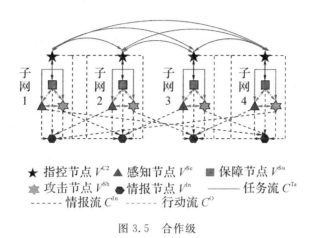

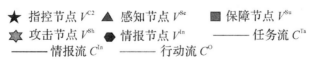

图 3.5　合作级

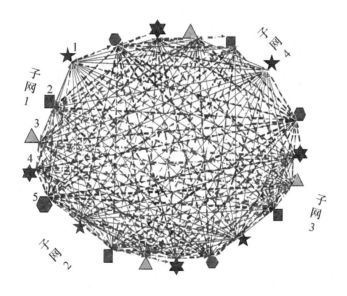

★ 指控节点 V^{c2}　▲ 感知节点 V^{Se}　■ 保障节点 V^{Su}
☆ 攻击节点 V^{Sh}　⬢ 情报节点 V^{In}　—— 任务流 C^{Ta}
—— 情报流 C^{In}　—— 行动流 C^{O}

图 3.6　优化级

　　指挥机构和作战单元的角色可根据任务、环境的变化实时切换，子网之间能够实现任意区域的信息交互，各子网中的作战单元可根据任务需要获取任意子网中情报中心的态势信息，实现最优化的网络行动。

3.4　系统动态演化的关键过程域与升降级规则

网络生态系统各成熟度等级对应不同的关键过程域,网络生态系统的成熟度关键过程域是对网络生态系统"如何成熟或演化"过程的系统表征。研究网络生态系统的成熟度演化规则,首先需要确定成熟度等级所对应的关键过程域,即不同成熟度等级对应不同程度的信息决策、要素协同和信息共享效能,以及相应的网络行动和行动任务;其次,需要设计成熟度等级升降级(演化)规则,即网络生态系统成熟度等级如何实现动态演化。

3.4.1　关键过程域

关键过程域是指为达到其相应成熟度等级所需解决的具体任务。在网络生态领域,网络生态系统的成熟度关键过程域是指与网络行动相关的任务或活动,只有当网络任务或活动均被完成时,才能实现成熟度能力提升的一系列目标,记为 $\boldsymbol{D}_{om}$。在集体防御行动中,$\boldsymbol{D}_{om}$ 表示承载(抵御)相应网络生态系统成熟度等级的网络行动业务(安全威胁),对应某个网络生态系统成熟度的 f^{Dm}、p^{Co} 和 g^{Sh}。简而言之,要实现网络生态系统成熟度等级的动态演化,必须满足 f^{Dm}、p^{Co} 和 g^{Sh} 达到相应成熟度等级对应的范围。

根据对图 3.1 网络生态系统成熟度模型的理解,定义网络生态系统的关键过程域,令 $\boldsymbol{D}_{om} = \{D_{om1}, D_{om2}, D_{om3}, D_{om4}, D_{om5}\}$,其中,$D_{om1}$,$D_{om2}$,$D_{om3}$,$D_{om4}$,$D_{om5}$ 分别对应初始级、已管理级、协同级、合作级和优化级的关键过程域。按立方体去顶的模式,各关键过程域可逐一定义和表述为

$$D_{om5} = [(f_4^{Dm}, 1), (g_4^{Sh}, 1), (p_4^{Co}, 1)]$$

$$D_{om4} = [(f_3^{Dm}, 1), (g_3^{Sh}, 1), (p_3^{Co}, 1)] - D_{om5}$$

$$D_{om3} = [(f_2^{Dm}, 1), (g_2^{Sh}, 1), (p_2^{Co}, 1)] - D_{om5} - D_{om4}$$

$$D_{om2} = [(f_1^{Dm}, 1), (g_1^{Sh}, 1), (p_1^{Co}, 1)] - D_{om5} - D_{om4} - D_{om3}$$

$$D_{om1} = [(0, 1), (0, 1), (0, 1)] - D_{om5} - D_{om4} - D_{om3} - D_{om2}$$

网络生态系统的成熟度关键过程域如表 3.1 所示。

表 3.1　网络生态系统的成熟度关键过程域

成熟度等级	关 键 过 程 域
初始级	只能维持网络行动单元基本的作战行动,自主决策、信息共享和相互协调只存在于单个独立子网内部
已管理级	信息资源分区管控、设备或软件配置管理、信息需求管理,开始建立自主决策权下放的约束条件,子网之间进行非常有限的信息交互共享,网络行动实现简单协作
协同级	子网间进行局部的信息共享、信息资源的统一管控,具有执行简单的网络任务或行动的自主决策权,子网之间进行有限的信息交互共享,网络行动实现局部协作
合作级	子网间实现跨区域的信息交互共享,具有执行联合或综合的网络空间作战任务或行动的自主决策权,子网之间进行广泛的信息交互共享,网络行动实现跨区域间协作
优化级	子网间实现全域的信息交互共享,自主决策权能够根据网络行动环境实时分配,任意行动单元根据任务或行动需要进行实时全域的信息交互共享,网络行动实现全域协作

3.4.2　升降级规则

网络生态系统的动态演化依赖于网络安全防御能力与网络业务承载能力之间的博弈依存关系。具体来说,不同的网络生态系统所对应的成熟度关键过程域也不尽相同,各网络生态系统的成熟度等级对应的 f^{Dm}、p^{Co} 和 g^{sh} 也不同。在基于物理连接和防御的现实网络中,网络安全防御能力越强,某种程度上意味着网络生态系统要素的信息决策、要素协同和信息共享也就越弱;而网络的互联互通和协作共享能力越强,对应的安全防御能力也通常会越弱。需要权衡网络安全需求和业务承载能力需求，选择合适的生态"状态"等级，从网络生态系统设计的角度来看，需要设计网络生态系统演化。

网络生态系统演化是不断优化和完善的动态过程，是抵御不确定网络威胁和承载网络业务的关键，同时也是网络生态系统应用层 $G^A = (T^A, C^A)$ 各网络业务 $T_i^A (i=1, 2, \cdots, h)$ 共同作用的结果，依赖于物理层 $G^P = (V^P, E^P)$ 各网络生态系统物理实体单元间 $V_j^P (j=1, 2, \cdots, n)$ 相互连接，构成逻辑层 $G^L = (V^L, E^L, F^L)$ 中具有特定功能的节点链路和逻辑回路。

网络生态系统的系统演化主要依据其能否自主动态调控所处成熟度等级，以适应网络安全威胁和网络业务承载等需求。例如，假定网络生态系统的成熟度等级为第 i 级，令 $\delta_i (i=1, 2, 3, 4, 5)$ 为网络生态系统在第 i 级时抵御网络安全威胁或承载网络业务的最大调节承受能力，令 ε 为网络安全威胁和网络业务承载等需求。若 $\varepsilon \leqslant \delta_i$，处于第 i 级的网络生态系统能够自主动态调控网络资源和性能，适应网络安全威胁和网络业务承载等需求，定义为系统的自适应演化；若 $\varepsilon > \delta_i$，处于第 i 级的网络生态系统需要借助外界或人为因素才能有效调控网络安全威胁和网络业务承载等需求，定义为系统的指令性演化。图 3.7 给出了网络生态系统的混合演化过程，具体的演化过程需要考虑 f^{Dm}、g^{Sh} 和 p^{Co} 三个因素相应成熟度等级关键过程域范围和关系，分析和设计网络生态系统演化。

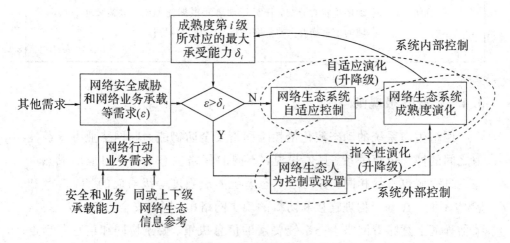

图 3.7　网络生态系统的混合演化过程

1. 自适应演化

由于网络生态系统演化的升级与降级原理相似，因此这里仅考虑演化的升级情况。设网络生态系统的成熟度等级为第 i 级，相应的关键过程域为 $D_{omi}(1<i<5)$，依据决策均衡原理分析如下四类演化升级情况：

(1) f^{Dm}、g^{Sh} 和 p^{Co} 均处于 D_{omi} 内，即 $f^{Dm} \in (f_{i-1}^{Dm}, f_i^{Dm}) \& g^{Sh} \in (g_{i-1}^{Sh}, g_i^{Sh}) \& p^{Co} \in (p_{i-1}^{Co}, p_i^{Co})$。分析可知：网络生态系统仍保持在第 i 级。

(2) f^{Dm}、g^{Sh} 和 p^{Co} 中仅有一个因素达到 D_{omi} 上限，其余两个因素在 D_{omi} 内，即 $f^{Dm} \in (f_i^{Dm}, f_{i+1}^{Dm}) \| g^{Sh} \in (g_i^{Sh}, g_{i+1}^{Sh}) \| p^{Co} \in (p_i^{Co}, p_{i+1}^{Co})$。分析可知：由于仅有一个因素达到 D_{omi} 上限，且该因素无法弥补其余两个因素未达到 D_{omi} 上限的缺陷，因此网络生态系统仍保持在第 i 级。

(3) f^{Dm}、g^{Sh} 和 p^{Co} 中有两个因素达到 D_{omi} 上限，另一个因素仍处于 D_{omi} 内，即 $[f^{Dm} \in (f_i^{Dm}, f_{i+1}^{Dm}) \& g^{Sh} \in (g_i^{Sh}, g_{i+1}^{Sh})] \| [f^{Dm} \in (f_i^{Dm}, f_{i+1}^{Dm}) \& p^{Co} \in (p_i^{Co}, p_{i+1}^{Co})] \| [g^{Sh} \in (g_i^{Sh}, g_{i+1}^{Sh}) \& p^{Co} \in (p_i^{Co}, p_{i+1}^{Co})]$。分析可知：考虑第二个因素达到 D_{omi} 上限，能有效弥补第三个因素未达到 D_{omi} 上限的缺陷，因此此时网络生态系统升至第 $i+1$ 级。条件是第三个因素应处于 D_{omi} 中的某一可承受范围 U 内，定义为 $U = \{\Delta, \eta, \xi\}[\Delta \in (f_{i-1}^{Dm}, f_i^{Dm}), \eta \in (p_{i-1}^{Co}, p_i^{Co}), \xi \in (g_{i-1}^{Sh}, g_i^{Sh})]$，$\Delta$、$\eta$、$\xi$ 分别表示 f^{Dm}，g^{Sh} 和 p^{Co} 处于 D_{omi} 中的最小临界范围值，即第三个因素需满足 $f^{Dm} \in (\Delta, f_i^{Dm}) \| g^{Sh} \in (\eta, g_i^{Sh}) \| p^{Co} \in (\xi, p_i^{Co})$。其中，$U = \{\Delta, \eta, \xi\}$ 的取值，由网络安全威胁与业务承载之间的平衡关系需求决定。

(4) 因素 f^{Dm}、g^{Sh} 和 p^{Co} 均达到 D_{omi} 上限，即 $f^{Dm} \in (f_i^{Dm}, f_{i+1}^{Dm}) \& g^{Sh} \in (g_i^{Sh}, g_{i+1}^{Sh}) \& p^{Co} \in (p_i^{Co}, p_{i+1}^{Co})$。分析可知：网络生态系统升至第 $i+1$ 级。

2. 指令性演化

指令性演化是根据突发性的网络安全威胁或高强度网络业务承载等需求，必须依赖于外界或人为调控方可实现。指令性演化不仅能够实现逐级演化，还可实现越级演化。同样，这里仅考虑网络生态系统演化的升级情况。

设网络生态系统处于第 i 级，对应关键过程域为 $D_{omi}(1<i<5)$。网络生态系统的指令性演化按照网络安全威胁和网络业务承载等需求程度划分

为逐级演化和越级演化，这里仅考虑升级情况。

（1）逐级演化。设 f^{Dm}、g^{Sh} 和 p^{Co} 均处于 $D_{om(i+1)}$ 内，即 $f^{Dm} \in (f_i^{Dm}, f_{i+1}^{Dm}) \& g^{Sh} \in (g_i^{Sh}, g_{i+1}^{Sh}) \& p^{Co} \in (p_i^{Co}, p_{i+1}^{Co})$，满足安全或业务需求。分析可知：网络生态系统升至第 $i+1$ 级。

（2）越级演化。设 f^{Dm}、g^{Sh} 和 p^{Co} 在 $D_{om(i+j)}(1<j, i+j \leqslant 5)$ 内，满足安全或业务需求，即 $f^{Dm} \in (f_{i+j-1}^{Dm}, f_{i+j}^{Dm}) \& g^{Sh} \in (g_{i+j-1}^{Sh}, g_{i+j}^{Sh}) \& p^{Co} \in (p_{i+j-1}^{Co}, p_{i+j}^{Co})$。分析可知：网络生态系统升至第 $i+j$ 级。

特别说明，以上设计中对 f^{Dm}、g^{Sh} 和 p^{Co} 满足安全防御或业务承载需求的"度"，主要依据政策法规、历史经验和其他规则判定。考虑实际情况，记等级 i 所对应的 f^{Dm}、g^{Sh} 和 p^{Co} 可允许的误差范围分别为 $\Delta f_i^{Dm} \in (-\alpha_i, \alpha_i)$，$\Delta g_i^{Sh} \in (-\gamma_i, \gamma_i)$，$\Delta p_i^{Co} \in (-\theta_i, \theta_i)$。若均在可允许误差范围内，表明决策正确，网络生态系统实现指令性演化；反之，表明决策出现错误，则需重新决策评估，直至误差在可允许范围之内为止。

3.5　系统动态演化的能力评估

从复杂性科学角度看，网络生态系统的系统动态演化能力可用网络生态系统的成熟度能力来表征，系统动态演化能力是对在特定环境和条件下网络生态系统和要素性能的动态评价。参考指挥控制能力成熟度的三维评价标准，在图 3.1 网络生态系统的成熟度模型基础上，系统动态演化能力可分解为信息决策能力、要素协同能力和信息共享能力。令 $\boldsymbol{G} = (G_{Dm}, G_{Co}, G_{Sh})$ 为网络生态系统（Cyber Ecology, CE）的成熟度能力值，$\boldsymbol{g} = (g_{Dm}, g_{Co}, g_{Sh})$ 为网络生态系统中多类型或属性网络生态要素（Cyber Ecology Unit, CEU）的成熟度能力值。其中，g_{Dm}、g_{Co}、g_{Sh} 分别为 CEU 的信息决策、要素协同和信息共享能力值。设参与节点数目为 n，则 CE 的成熟度能力值 $\boldsymbol{G}$ 与 CEU 的成熟度能力值 $\boldsymbol{g}$ 满足关系

$$G_{Dm} = \frac{1}{n} \sum_{j=1}^{n} (g^j) \tag{3.1a}$$

$$G_{Co} = \frac{1}{n} \sum_{j=1}^{n} (g_{Co}^j) \tag{3.1b}$$

$$G_{\text{Sh}} = \frac{1}{n} \sum_{j=1}^{n} (g_{\text{Sh}}^{j}) \tag{3.1c}$$

式中：g_{Dm}^{j}、g_{Co}^{j} 和 g_{Sh}^{j} 分别为第 j 个生态要素的信息决策、要素协同和信息共享能力值。

CEU 的成熟度值对应的信息决策、要素协同和信息共享能力值，由以下信息决策能力评估模型、要素协同能力评估模型和信息共享能力评估模型定义。

3.5.1　信息决策能力评估模型

信息决策能力指网络行动指挥机构自身聚类联动及其与情报中心的信息交互并制定决策的能力，通过信息复杂性进行度量。信息复杂性指网络各组成单元全部连接数的函数。信息复杂性能够分散指挥机构制定下达决策和网络行动单元对相关决策的执行，从而延长决策时间，影响决策效率。令 c 为网络中核心作战单元的入度数总和，即

$$c = \sum_{i}^{n} \delta_i n_i \tag{3.2}$$

式中：作战单元 i 在关键路径上，$\delta_i = 1$；反之，则 $\delta_i = 0$。n 为作战单元 i 的入度数。

当网络连接数达到一定值时，复杂性 $g(c)$ 呈现先增加后趋于平稳的 S 形增长趋势，用 Logistic 函数表示：

$$g(c) = \frac{e^{bc-a}}{1 + e^{bc-a}} \tag{3.3}$$

式中：a 为网络行动核心单元数量；b 为网络行动单元总数与入度数总和的比值。

式(3.1)中 g_{Dm}^{j} 的值对应于式(3.3)中 $g(c)$ 的值。

3.5.2　要素协同能力评估模型

要素协同能力指网络行动单元、指挥机构和情报中心之间协同合作、信息交互执行网络行动任务的能力，通过信息可用性进行度量。信息可用性指信息在网络中的可用程度，是对信息的实时性、完整性、精确性和信息拥有量的综合度量。令 $H(t)$ 表示指挥机构获取的有效信息总量，网络行动单元执行单次任务的完成时间 $f(t) = \lambda e^{-\lambda t}$，则其对应的 $H(t)$ 为

$$H(t) = -\int_{t=0}^{\infty} \ln[f(t)] \mathrm{d}t = \ln\left(\frac{\mathrm{e}}{\lambda}\right) \qquad (3.4)$$

考虑不同行动单元完成预期任务所需的时间不同，假设完成单次任务的最大允许时间为 $1/\lambda_{\max} = \lambda_{\min}$，可得行动单元 i 的信息可用性为

$$K_i(t) = \ln\left(\frac{\mathrm{e}}{\lambda_{\min}}\right) - \ln\left(\frac{\mathrm{e}}{\lambda_i}\right) \qquad (3.5)$$

因此，可得

$$K_i(t) = \begin{cases} 0 & \lambda < \lambda_{\min} \\ \ln(\lambda/\lambda_{\min}) & \lambda_{\min} \leqslant \lambda < \mathrm{e}\lambda_{\min} \\ 1 & \lambda \geqslant \mathrm{e}\lambda_{\min} \end{cases} \qquad (3.6)$$

其中，$K_i(t) \in [0,1]$，$K_i(t)$ 越接近于 1，表明网络生态系统获取的态势信息越大，信息可用性越高。

综合考虑网络行动要素协同与信息决策对网络安全集体防御行动的影响，要素协同影响执行网络业务时间的影响因子可表示为

$$Z_x(t) = \frac{c_i(t)}{1 - g(c)} \qquad (3.7)$$

式中：$c_i(t)$ 为要素协同影响正因子。

令 d_i 为作战单元 i 的度值，则作战单元 i 完成预期任务的协同影响正因子 $c_i(t)$ 为

$$c_i(t) = \prod_{j=1}^{d_i} [1 - K_j(t)]^{W_j} \qquad (3.8)$$

其中，当作战单元 i 与 j 存在相对隶属关系时，$W_j = 1$；反之，则 $W_j = 0.5$。

由式(3.7)和式(3.8)可得要素协同能力

$$Z_X(t) = (1 + \mathrm{e}^{bc-a}) \cdot \prod_{j=1}^{d_i} [1 - K_j(t)]^{W_j} \qquad (3.9)$$

其中，式(3.1)中 g_{Co}^j 的值对应式(3.9)中 Z_X 的值。

3.5.3　信息共享能力评估模型

信息共享能力指网络行动单元、指挥机构通过情报中心感知获取态势信息，并根据作战任务、职责和安全威胁的不同共享态势信息的能力。态势信息根据网络行动单元任务需要转化为具体知识，促进行动单元采取相应行动和指挥机构制定相关决策，确保任务的顺利执行。态势信息在网络行动单元间的交互共享和高效传输进一步提高了信息的可用性。基于此，行

动单元 i 的信息共享能力可表示为

$$\tilde{K}_i(t) = K_i(t) \cdot [1 + c_i(t)] \tag{3.10}$$

将式(3.8)代入式(3.10)，可得信息共享能力

$$\tilde{K}_i(t) = K_i(t) \cdot \left\{ 1 + \prod_{j=1}^{d_i} [1 - K_j(t)]^{W_j} \right\} \tag{3.11}$$

其中，式(3.1)中 g_{Sh}^j 的值对应式(3.11)中 $\tilde{K}_i$ 的值。

3.5.4　成熟度能力分析

根据图 3.2～图 3.6 中五级成熟度对应的行动单元连接关系，按照对信息决策、要素协同和信息共享等成熟度能力值定义，求解各成熟度等级中 CEU 和 CE 的信息决策、要素协同和信息共享能力。

1. 信息决策能力

由图 3.2～图 3.6 可得式(3.3)中的相关参数，如协同级中 $c=27$，$a=7$，$b=0.278$。通过仿真可得 CEU 的信息决策能力值，部分数据如表 3.2 所示，对应 CE 的整体信息决策能力值分别为 0.154、0.232、0.342、0.517、0.736。不同网络空间 CE 的成熟度等级对应不同的参与节点数目，如图 3.4 协同级中，允许参与行动单元的最大数目为 10，其对应于表 3.2 中参与节点数目 $n=10$。

表 3.2　CEU 的信息决策能力值

成熟度等级	参与节点数目						均值
	1	5	7	10	16	20	
初始级	0.01	0.50	—	—	—	—	0.154
已管理级	0.08	0.14	0.58	—	—	—	0.232
协同级	0.11	0.25	0.49	0.62	—	—	0.342
合作级	0.18	0.37	0.51	0.63	0.72	—	0.517
优化级	0.02	0.41	0.57	0.71	0.84	0.91	0.736

2. 要素协同能力

由图 3.2～图 3.6 可得式(3.9)中的相关参数，如协同级中 $c=27$，$a=7$，$b=0.278$，$d=[10,7,7,7,5,10,7,7,7,5]$，$W=[1,1,1,1,1,1,$

0.5,0.5,0.5,1]。通过仿真可得 CEU 的要素协同能力值,部分数据如表3.3所示,对应 CE 的整体要素协同能力值分别为 0.101、0.287、0.390、0.573、0.817。

表 3.3　CEU 的要素协同能力值

成熟度等级	参与节点数目						均值
	1	5	7	10	16	20	
初始级	0.07	0.13	—	—	—	—	0.101
已管理级	0.15	0.19	0.37	—	—	—	0.287
协同级	0.23	0.25	0.45	0.62	—	—	0.390
合作级	0.28	0.36	0.49	0.74	0.81	—	0.573
优化级	0.47	0.52	0.57	0.79	0.87	0.98	0.817

3. 信息共享能力

由式(3.11)可知其相关参数设置同要素协同能力部分,通过仿真可得 CEU 的信息共享能力值,部分数据如表3.4所示,对应 CE 的整体信息共享能力值分别为 0.188、0.310、0.569、0.775、0.943。

表 3.4　CEU 的信息共享能力值

成熟度等级	参与节点数目						均值
	1	5	7	10	16	20	
初始级	0.14	0.19	—	—	—	—	0.188
已管理级	0.28	0.30	0.32	—	—	—	0.310
协同级	0.47	0.55	0.57	0.62	—	—	0.569
合作级	0.65	0.71	0.74	0.75	0.79	—	0.775
优化级	0.72	0.83	0.89	0.91	0.94	0.97	0.943

4. CEU 的成熟度能力

由图3.2~图3.6和式(3.3)、式(3.9)和式(3.11)可综合计算得出 CEU 的成熟度五级能力值,如图3.8所示。

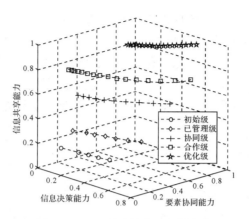

图 3.8　CEU 的成熟度五级能力值

5. CE 的成熟度能力

在 CEU 的成熟度五级能力值的基础上，由式（3.1）可得 CE 的成熟度五级能力值，如图 3.9 所示。

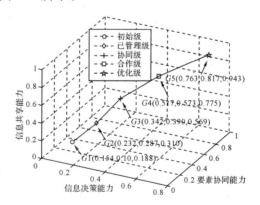

图 3.9　CE 的成熟度五级能力值

由图 3.8 可知，处于不同网络生态的成熟度等级具有不同的要素或节点参与数目 n，且随着 n 的增大，CEU 的成熟度能力逐渐增强。同时，随着网络生态成熟度等级的提升，其相应的 CEU 的信息决策、要素协同和信息共享成熟度能力逐渐增强；由图 3.9 可知，CE 的成熟度能力随着网络生态成熟度等级的提升逐渐增强，其相应的网络生态的信息决策、要素协同和信息共享成熟度能力也随之增强。

仿真结果表明，网络生态系统中行动单元数量越多，各行动单元间的信息交互连通越紧密，相应的信息决策、要素协同和信息共享的成熟度能力越强。随着网络生态系统成熟度等级的逐渐提升，各行动单元间的信息流转关系、信息连通度逐渐增大，有利于减少不确定因素对信息决策的影响，提高信息决策能力，提高作战效率，增强要素协同能力，有利于提高感知获取态势信息的能力，增强信息共享效能，提高网络生态系统的成熟度能力，进而增强应对网络安全集体防御能力和业务承载能力。

本 章 小 结

在分析网络安全威胁能力与业务承载能力之间的博弈依存关系基础上，本章应用成熟度理论和方法，首先建立了以"信息决策、要素协同和信息共享"为度量指标的网络生态系统成熟度"三维五级"概念模型，以及初始级—已管理级—协同级—合作级—优化级成熟度分级模型；结合不同成熟度等级的网络生态特性，设计了网络生态各成熟度等级的关键过程域，根据网络安全防御与业务承载之间的博弈依存关系，设计以自适应演化和指令演化相结合的系统动态演化混合规则，建立了网络生态系统动态演化的能力评估模型。

基于成熟度理论的系统动态演化，是从系统层面考虑网络生态系统的动态演化问题，描述了行动单元、指挥机构和情报中心等网络行动单元之间应对不确定性网络安全威胁或网络业务承载的需求，通过动态调整诸单元之间信息决策、要素协同和信息共享的程度，实现网络安全防御能力与业务承载能力的动态平衡，相应地动态调整成熟度等级。在实践环节，可以通过动态调整网络节点和用户的安全等级，提升网络安全防御能力和业务承载能力，实现对网络安全防御和网络化作战的能力支撑。

第4章 基于病毒传播与免疫的理论要素动态演化

网络生态系统的要素动态演化，考虑的是要素层面网络生态系统的动态演化问题。在病毒传播-免疫理论基础上，本章结合网络安全集体防御行动特点，分析了网络生态系统的要素动态演化过程，针对"节点增减""潜伏-隔离""复杂潜伏转移模式"等情况，研究提出了相应的病毒传播和免疫模型及相应的演化规则，重点探索"要素如何演化"的问题。

4.1 要素动态演化的病毒传播和免疫问题

复杂性科学和复杂系统理论认为，复杂系统的微观性是复杂系统整体性或宏观性的基础，宏观和微观的统一是复杂系统研究的基本原则之一。在复杂系统中，系统宏观变量大的波动往往来自组成系统一些要素的微变化，复杂系统中要素的演化对于系统整体演化至关重要。对生态系统而言，要素的演化通常以能量流动为导向，从生产者流转至消费者再至分解者等。能量的输入、传递与耗散关系，直接影响系统要素的变化或者演化，进而实现系统演化的涌现。生态系统作为一个独立运转的开放系统，具有一定的稳定性，其内在原因表面上看是生态系统的自我调节，其实归根到底是系统要素的自组织行为，可以运用要素间转移动力学模型来研究，包括各要素的动态演化过程、局部平衡和全局平衡状态等。网络生态系统要素演化，需要遵循复杂性科学和复杂系统理论的基本原则，结合网络安全集体防御和网络要素行动特点分析，尤其是先进持续性威胁（APT）下网络病毒和网络安全防御模式，研究要素层面网络生态系统动态演化的内在机理和规则。

从网络安全现实分析，近年来信息网络技术和病毒技术的快速发展，APT 类型的网络病毒给基础网络、各类型应用网络和基于网络的国家政治、军事和经济带来了新的严重威胁。2010 年 4 月，伊朗发生"震网病毒"

事件,主要原因是网络蠕虫病毒事先潜伏到离心机设备中,待到被激活后迅速扩散、传播并感染其他网络设备或节点,最终导致离心机失控损毁;2014 年 7 月,欧美地区爆发"能源之熊"事件,究其原因,是网络病毒入侵电力和能源公司的计算机控制系统,并迅速攻击或感染其他计算机设备,造成发电系统全面瘫痪。面对肆意的网络病毒攻击,实时追踪检测网络病毒、预判网络病毒的攻击行为和规律,以及增强网络自身的免疫修复能力,是抵御网络病毒扩散传播的关键。在军事领域,网络行动诸单元之间侦察监视、态势共享、情报处理等网络态势情报上传下达的效率、质量的高低,以及应对不确定网络病毒攻击的快速防御、免疫修复能力的好坏,决定着战场的胜负。网络行动单元通过网络中多级多类型节点间既有的连接链路和信息流转关系,实现网络信息的针对性扩散和传播。

生物病毒扩散和免疫是启迪网络生态系统理念的重要源头。在网络侦察、攻击和防御中,网络病毒伴随信息扩散通过网络节点间的通信连接实现病毒的传播,网络病毒扩散具有生物病毒传播的流通性、影响性和被影响性等典型特征。因此,通常设计易感染状态 S(Susceptible)、感染状态 I(Infected)和免疫状态 R(Removed)等,借助生物病毒扩散与免疫模型来研究理论和实际应用中的网络病毒问题。例如,冯朝胜等对移动环境下的网络病毒传播进行建模与分析,张子振等应用 SIE(易感-感染-外部,Susceptible-Infected-External)模型研究了外部因素影响下的计算机病毒扩散问题,Valdez 等构建 SIR(易感-感染-免疫,Susceptible-Infected-Removed)模型研究蠕虫病毒扩散方式,曲波等研究了相关异构感染率下的 SIS(易感-感染-易感,Susceptible-Infected-Susceptible)病毒传播模型。考虑网络中免疫节点会衰退为易感节点,顾海俊等提出了 SIRS(易感-感染-免疫-易感,Susceptible-Infected-Removed-Susceptible)信息扩散模型,运用李雅普诺夫函数分析了平衡点的稳定性;基于时延和内部节点损伤特性,杨小帆等提出 SLBS(易感-潜伏-爆发-易感,Susceptible-Latent-Breaking-Susceptible)模型,重点分析非线性感染率对病毒传播的影响;借鉴传染病模型中的隔离者概念,关治洪等构建 SIQRS(易感-感染-隔离-免疫-易感,Susceptible-Infected-Quarantine-Removed-Susceptible)病毒传播模型,提出与度相关的更加准确的病毒传播率;考虑对病毒的查杀,徐德刚等提出了 SIVRS(易感-感染-变异-恢复-易感,Susceptible-Infected-Variant-Recovery-Susceptible)病毒传播模型;针对网络结构与功能的不同,Khanh 等研究了异构病毒传播模型及系统的稳定性，刘思雨等研究了不同因素影响下病毒传播的免疫控制方法。汪小帆等人通过研究复杂网络的节点路径长度范围，研究了不同拓扑结构下网络病毒的局域控制；蒋国平等人提出了自适应网络的病毒传播模型，研究了病毒传播阈值级稳态特性；秦志光等人提出了移动P2P网络的病毒传播模型，研究了病毒的传播与控制；王亚奇等人提出了无线传感网络的病毒传播模型，研究了病毒传播机理和影响因素。这些成果解决了传统意义下多类型信息扩散传播问题，为开展相关研究提供了理论参考。在网络生态系统的要素演化研究中，应结合新型网络病毒机理、传播模式和网络安全集体防御需求，考虑网络生态系统的各种新情况。例如，网络可能会受到外界自然条件和人为等因素的影响而造成物理毁伤或者功能降级，或由于任务和能力需求调整和增减网络节点的情况；"潜伏"特性恰恰是 APT 型病毒传播的典型特征，病毒节点和受病毒感染的网络节点可能同时处于潜伏待激活和被发现隔离的情况；此外，处于潜伏状态的网络空间生态节点可能同时会转化为易感节点、感染节点和免疫节点。

　　基于此，本章在病毒传播与免疫理论基础上，结合新型网络病毒机理和传播模式，分析了网络生态系统要素动态演化的一般过程和阶段划分，重点探讨了多种情况下要素动态演化的过程和规则。针对网络生态系统中节点因受外界自然条件和人为等因素的影响而造成增减的问题，研究了节点增减下的要素动态演化问题；针对网络生态系统中处于感染状态的节点可能同时处于潜伏待激活状态和被发现隔离状态的问题，研究了潜伏-隔离下的要素动态演化问题；针对网络生态系统中处于潜伏状态的节点可能同时会转化为易感节点、感染节点和免疫节点的问题，研究了复杂潜伏转移模式下的要素动态演化问题。

4.2　网络病毒传播与免疫基本理论

　　复杂网络上的传播动力学问题是复杂网络研究的一个重要方向，主要研究社会和自然界中各种复杂网络系统的传播机理与动力学行为以及探寻这些行为高效可行的控制方法。按照病毒传播的一般机理，病毒进入网络后，会主动寻找系统的脆弱部位，对其发动攻击，在攻击成功后不仅会对系统有影响，而且会以此系统为基点继续向外传播去感染其他易受感染或不安全的系统，这种行为通常是自发的，不需要用户的干预。由于整个传播过程与医学上的病毒传播过程十分类似，因此在传播动力学的研究中，也借鉴了生物学中的一些概念及理论模型。

基于传染病模型，科学家们设计了多种网络病毒传播模型，其中最基本的是 SI、SIS 和 SIR 模型。在 SIR 模型中，有以下假设条件：① 所有正常个体都是脆弱的，即对病毒不具备免疫能力，均有可能被感染；② 系统中免疫个体不会被传染，也不具备传染能力；③ 假定系统中的个体总数是恒定不变的，忽略短时间内外部增加、内因减少的节点个数。模型演化初始条件为选择网络中的若干节点被病毒感染，其余为易感染节点，构建 SIR 病毒传播模型，如图 4.1 所示。

$$S \xrightarrow{\eta kS(t)I(t)/N} I \xrightarrow{\alpha} R$$

图 4.1　SIR 病毒传播模型

图 4.1 中，病毒节点 I 经过演化会以一定的概率转化为免疫节点 R，这个概率称为免疫概率 η。同时，易感染节点与病毒节点相邻，也会以一定的概率感染为病毒节点，这个概率称为感染概率 $\eta kS(t)I(t)/N$，其中，$S(t)$、$I(t)$ 分别表示系统在 t 时刻处于 S 状态、I 状态的个体的数量，N 为节点总数。由于 S 类个体是通过接触 I 类个体的形式被感染为 I 类个体，因此感染率与两者数量及节点的度都有关。这里为了简化问题，认为网络为均匀网络，k 代表网络平均度，则 SIR 模型中病毒传播的动力学行为可用以下数学模型描述：

$$\begin{cases} \dfrac{\mathrm{d}S(t)}{\mathrm{d}t} = -\eta kS(t)I(t)/N \\[2mm] \dfrac{\mathrm{d}I(t)}{\mathrm{d}t} = \eta kS(t)I(t)/N - \alpha I(t) \\[2mm] \dfrac{\mathrm{d}R(t)}{\mathrm{d}t} = \alpha I(t) \end{cases}$$

式中：$R(t)$ 为系统在 t 时刻处于 R 状态的个体的数量。

显然，感染概率小，免疫概率大，病毒传播的规模就会降低，甚至病毒节点被完全免疫；相反，如果感染概率大，免疫概率小，病毒传播的规模就会扩大，最终蔓延至网络中大部分节点，致使网络瘫痪。因此，定义感染概率和免疫概率的比值为传染强度，传染强度非常小时，过一段时间，所有节点都会恢复为健康节点，这种情况下可以认为病毒没有在网络中传播开来；

反之,传播强度相对较大时,病毒就会持续存在网络中。研究发现,网络病毒的传播规模与网络的拓扑结构也有关联:当网络规模无限增大时,即使很微小的传染源也能在无标度网络上蔓延,而且这样的例子在现在日益发达的互联网上也很常见。

为有效控制病毒的传播,找到合适有效的免疫策略也是复杂网络传播动力学重要的研究内容之一。复杂网络有四种较为有效的免疫策略,即随机免疫、目标免疫(选择免疫)、熟人免疫和主动免疫。随机免疫是随机选取网络中的一部分节点进行免疫,各节点被免疫的机会是均等的,不因为节点的重要性或感染风险而有所不同。目标免疫是针对无标度网络的不均匀特性所涉及的一种特别有效的免疫策略,对少量度非常大的节点进行免疫。由于病毒在网络中传播速度非常快,这种免疫需要对节点进行隔离后免疫,使它们所连的边从网络中去除,减少病毒传播的可能路径,降低病毒传播速度。目标免疫虽然比较有效,但需要了解网络的全局信息,至少对网络中各节点的度有所了解,这样才能找出度大的关键节点进行免疫。对于不断发展的人际网络和互联网来说,很难做到这一点。熟人免疫是对随机选出的节点的邻居进行免疫,这种策略只需知道被随机选择出来的节点以及它们直接相连的邻居节点,也即网络局部信息,通常是容易获得的。由于在无标度网络中,度大的节点意味着有许多节点与之相连,若随机选取一点,再选择其邻居节点时,度大的节点比度小的节点被选中的可能性大很多。因此,熟人免疫策略比随机免疫策略的效果好得多,且比目标免疫更容易实现,但是随机选取节点,并对其邻居随机进行免疫,被免疫的节点可能并不是最重要的邻居。主动免疫提出在选择邻居节点时不再是随机选择,而是设置一个标准度值,如果邻居节点的度大于标准度,则对该邻居节点进行免疫。不同的免疫策略可适用于不同的网络结构与病毒类型,正确地选择免疫策略及调整传播参数值是控制病毒传播的有效手段。

4.3　网络生态系统要素动态演化分析

网络生态系统要素演化过程,是网络生态系统抵御网络病毒攻击或感染、实施免疫的集体防御过程,从节点视角可以直接表述为网络生态要素演化过程。按照对病毒传播和免疫机理的理解,网络生态要素演化可划分为多个阶段。例如，Scott Musman 将网络遭受病毒的演化过程划分为失效、恢复和恢复保持等三个阶段；Nurul Abdullah 将演化过程划分为控制和反馈两个阶段。综合考虑网络病毒扩散和免疫的发展情况，可将网络生态要素演化过程划分为安全—感染—隔离—免疫—恢复等五个阶段，分别表示为安全阶段 B、感染阶段 I、隔离阶段 Q、免疫阶段 R 和恢复阶段 H，对应安全状态、感染状态、隔离状态、免疫状态和恢复状态。图 4.2 所示为网络生态要素演化的一般过程，对应演化的一个周期。

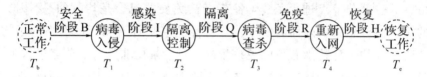

图 4.2　网络生态系统要素演化的一般过程

图 4.2 中，T_b 和 T_e 分别表示要素演化的起始时刻和终止时刻。网络病毒在 T_1 时刻开始入侵；系统在 T_2 时刻针对受感染要素实施隔离控制；在 T_3 时刻开启对病毒感染节点的查杀免疫处理；在 T_4 时刻，具有免疫功能的要素重新入网。$[T_b, T_1)$ 对应网络生态系统要素演化的安全阶段 B，$[T_1, T_2)$ 对应要素演化的感染阶段 I，$[T_2, T_3)$ 对应要素演化的隔离阶段 Q，$[T_3, T_4)$ 对应要素演化的免疫阶段 R，$[T_4, T_e]$ 对应要素演化的恢复阶段 H。

参照成熟度演化规则，分析网络生态要素的演化过程。令某一网络生态要素处于成熟度第 i 级，关键过程域记为 $D_{omi}(1 < i < 5)$。

（1）安全阶段 B。网络生态要素处于初始状态，还没有受到网络病毒攻击或安全威胁，要素的 D_m、C_o 和 S_h 等性能均处于最佳状态，f^{Dm}、g^{Sh} 和 p^{Co} 均在 D_{omi} 内，即

$$f^{Dm} \in (f_{i-1}^{Dm}, f_i^{Dm}) \& g^{Sh} \in (g_{i-1}^{Sh}, g_i^{Sh}) \& p^{Co} \in (p_{i-1}^{Co}, p_i^{Co})$$

（2）感染阶段 I。网络病毒开始入侵和攻击感染网络生态系统，致使网络生态要素的 D_m、C_o 和 S_h 等性能均下降，要素成熟度性能降级至第 $i-j$ 级，f^{Dm}、g^{Sh} 和 p^{Co} 均降低至 $D_{omi-j}(1 \leqslant j < i)$ 内，即

$$f^{Dm} \in (f_{i-j-1}^{Dm}, f_{i-j}^{Dm}) \& g^{Sh} \in (g_{i-j-1}^{Sh}, g_{i-j}^{Sh}) \& p^{Co} \in (p_{i-j-1}^{Co}, p_{i-j}^{Co})$$

（3）隔离阶段 Q。网络病毒持续侵入，网络生态要素的 D_m、C_o 和 S_h 等性能持续下降，要素成熟度持续降级至第 $i-m$ 级，f^{Dm}、g^{Sh} 和 p^{Co} 持续降低

至 $D_{\text{om}(i-m)}(1{\leqslant}m{<}j)$ 内，即

$$f^{\text{Dm}} \in (f_{i-m-1}^{\text{Dm}}, f_{i-m}^{\text{Dm}}) \& g^{\text{Sh}} \in (g_{i-m-1}^{\text{Sh}}, g_{i-m}^{\text{Sh}}) \& p^{\text{Co}} \in (p_{i-m-1}^{\text{Co}}, p_{i-m}^{\text{Co}})$$

为满足预期网络安全和业务承载能力需求，开启人为调控或者自适应调控，通过隔离方式断绝感染病毒要素与网络生态系统中其他健康要素之间的连接关系，被感染要素进入隔离阶段。

（4）免疫阶段 R。通过针对性病毒查杀和补充病毒库等手段，受感染要素具备免疫功能。网络生态要素的 D_{m}、C_{o} 和 S_{h} 等性能得到提升，成熟度等级演化升级至第 $i-m+l$ 级，f^{Dm}、g^{Sh} 和 p^{Co} 上升至 $D_{\text{om}(i-m+l)}(1{<}l{<}5)$，满足

$$f^{\text{Dm}} \in (f_{i-m+l-1}^{\text{Dm}}, f_{i-m+l}^{\text{Dm}}) \& g^{\text{Sh}} \in (g_{i-m+l-1}^{\text{Sh}}, g_{i-m+l}^{\text{Sh}}) \& p^{\text{Co}} \in (p_{i-m+l-1}^{\text{Co}}, p_{i-m+l}^{\text{Co}})$$

网络生态要素的安全防御能力得到增强。

（5）恢复阶段 H。具有免疫性能的要素重新入网，并通过自愈修复和业务调整处理等方式逐步恢复要素工作。此时，网络生态系统还会针对受感染破坏和损伤情况，补充或替换部分网络生态要素。网络生态要素的 D_{m}、C_{o} 和 S_{h} 等性能得到进一步提升，成熟度等级恢复到成熟度第 i 级的初始状态，或持续演化升级至更高的第 $i+k$ 级。对应第 i 级和第 $i+k$ 级，网络生态要素的 f^{Dm}、g^{Sh} 和 p^{Co} 处于 $D_{\text{om }i}$ 或 $D_{\text{om}(i+k)}(1{\leqslant}i+k{<}5)$ 内，即

$$f^{\text{Dm}} \in (f_{i-1}^{\text{Dm}}, f_i^{\text{Dm}}) \& g^{\text{Sh}} \in (g_{i-1}^{\text{Sh}}, g_i^{\text{Sh}}) \& p^{\text{Co}} \in (p_{i-1}^{\text{Co}}, p_i^{\text{Co}})$$

或

$$f^{\text{Dm}} \in (f_{i+k-1}^{\text{Dm}}, f_{i+k}^{\text{Dm}}) \& g^{\text{Sh}} \in (g_{i+k-1}^{\text{Sh}}, g_{i+k}^{\text{Sh}}) \& p^{\text{Co}} \in (p_{i+k-1}^{\text{Co}}, p_{i+k}^{\text{Co}})$$

网络生态系统演化过程是网络生态要素演化过程的综合结果。在网络生态要素演化的基础上，还可以从系统的角度结合系统成熟度演化，形成对网络生态系统演化的认知。图 4.3 所示为演化进程 t 和网络生态系统性能 E 的关系，网络生态系统性能 E 可以按照成熟度性能进一步细化为 D_{m}、C_{o} 和 S_{h} 等，这里不再区分。演化进程可划分为安全阶段、感染阶段、隔离阶段、免疫阶段和恢复阶段等。根据成熟度演化模型中控制方式的不同，演化进程的部分环节还可以进一步划分为人工控制模式和自适应控制模式。

按照网络病毒入侵和免疫的基本流程，分析网络生态系统的演化过程。从初始时刻 t_b 开始到病毒入侵时刻 t_1，网络生态系统处于安全阶段，对应

的系统性能为 E_6。从入侵时刻 t_1 开始到开启人工控制时刻 t_2 或者自适应控制时刻 t_3，系统处于感染阶段。其中，$[t_1, t_2)$ 对应后期采取人工干预手段的感染阶段，$[t_1, t_3)$ 对应后期采取自适应干预手段的感染阶段，人工控制开启时刻对应系统性能为 E_4，自适应控制开启时刻对应系统性能为 E_2。按照对成熟度演化中人工控制和自适应控制的关系，通常人工控制的开启时间要早于自适应控制的开启时间。自 t_2 开始的虚线对应人工控制的演化过程，实线对应自适应控制的演化过程，时间轴中的 M 对应人工控制干预模式，Z 对应自适应控制模式。

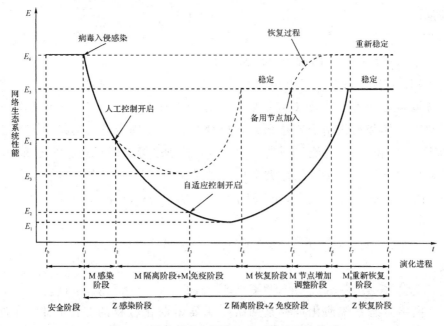

图 4.3 演化进程与网络生态系统性能的关系

对于人工控制而言，从控制开启时刻 t_2 开始到进入稳定调整时刻 t_4 之前，系统处于病毒隔离状态和免疫状态，经过人工控制、病毒隔离和查杀免疫，系统性能经过了短暂的趋势性降低之后逐步上升，系统性能最低值为 E_3，在 t_4 时刻系统性能恢复并接近较高值 E_5。需要交代的是，从系统和统计视角分析，受感染要素的隔离和免疫是独立事件，诸要素的隔离和免疫，从统计角度看在时间上是交叉的，因此，此处就没有将隔离阶段和免疫阶段进一步细分下去。从免疫结束时刻 t_4 到开始重新调配网络资源（如给系统增加新的网络节点）时刻 t_5 之前，系统处于调整恢复阶段，系统性能逐步

稳定在较高值 E_5。从时刻 t_5 开始，系统开始对网络进行资源重新优化调配，通过增加新的安全节点等手段，系统性能上升，逼近网络生态系统的初始状态性能 E_6，或者比 E_6 更高。从时刻 t_6 开始到结束时刻 t_e，系统进入重新调整和稳定时期。

对于自适应控制而言，从控制开启时刻 t_3 开始到免疫结束时刻 t_7，系统处于病毒隔离和免疫状态，系统性能经过了短暂的趋势性降低之后逐步上升，系统性能最低值为 E_3，t_7 时刻系统性能恢复并接近较高值 E_5。总体上分析，经过基于自适应控制的隔离和免疫，网络生态系统的性能得到提升，并与人工控制下的隔离和免疫效果靠近。但是，一般意义上，距离人工优化网络资源的效果还存在一定的差距。在实际处理中，自适应控制与人工控制往往结合使用。

4.4　节点增减下的要素动态演化

针对复杂开放网络环境下网络节点数目及其关系不稳定等特性，考虑网络生态系统节点的新增和移除，研究节点增减下的要素动态演化问题。通过研究，构建节点增减下的网络病毒扩散-免疫模型，并运用 Routh-Hurwitz 稳定判据，分析模型的稳定性、基本再生数和病毒扩散-免疫的影响因素，理清节点增减下的网络生态系统要素动态演化问题。

4.4.1　模型构建

复杂网络具有开放兼容性，网络生态系统中节点的增减是网络动态变化的重要形式，具体表现如下：

（1）网络生态系统中节点达到自身"寿命"的自然移除或遭受外界环境、人为因素和网络病毒攻击而造成的物理损毁。同时，为维持网络的性能和动态平衡，需要选择性地增加具有特定功能的新节点。

（2）为满足网络业务和特定能力的需要，网络将选择性地增加或减少具有相关功能、业务的节点，使得网络具有该功能特性，完成网络安全防御和业务承载任务。

参照经典 SIR 模型，节点增减下的要素动态演化模型如图 4.4 所示。

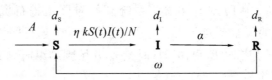

图 4.4　节点增减下的要素动态演化模型

图 4.4 中，A 表示网络中的新增节点数；d_S 表示网络中易感节点的损毁（移除）率；d_I 表示网络中感染节点的损毁（移除）率；d_R 表示网络中免疫节点的损毁（移除）率；转移参数 η 表示网络节点与网络病毒或感染节点相互接触的概率；转移参数 α 表示网络节点具有抗病毒攻击感染能力的概率；转移参数 ω 表示网络节点抗病毒能力逐渐减弱的概率；k 表示网络节点的度。

根据微分系统动力学原理，模型对应的数学表达式为

$$\begin{cases} \dfrac{\mathrm{d}S(t)}{\mathrm{d}t} = A - \eta k S(t) I(t)/N - d_S S(t) + \omega R(t) \\[2mm] \dfrac{\mathrm{d}I(t)}{\mathrm{d}t} = \eta k S(t) I(t)/N - \alpha I(t) - d_I I(t) \\[2mm] \dfrac{\mathrm{d}R(t)}{\mathrm{d}t} = \alpha I(t) - \omega R(t) - d_R R(t) \end{cases} \tag{4.1}$$

式中：$S(t)$、$I(t)$ 和 $R(t)$ 分别为 t 时刻易感节点、感染节点和免疫节点的数量；N 为网络节点总数；$\eta k S(t) I(t)/N$ 为 t 时刻网络易感节点遭受病毒感染的概率。

4.4.2　稳定性分析

令 $\dfrac{\mathrm{d}S(t)}{\mathrm{d}t}=0$，$\dfrac{\mathrm{d}I(t)}{\mathrm{d}t}=0$，$\dfrac{\mathrm{d}R(t)}{\mathrm{d}t}=0$，求解可得式（4.1）中的一个平衡点 $P^0(S^0, I^0, R^0) = \left(\dfrac{A}{d_S}, 0, 0\right)$。可知，当 $t \to \infty$ 时，该平衡点的感染节点数量 $I(\infty)=0$，称该平衡点为无病毒平衡点。假设网络节点总数 $N(t)$ 短时间内相对稳定，求解式（4.1）可得另一个平衡点 $P^1(S^1, I^1, R^1) = \left(\dfrac{N(d_I+\alpha)}{\eta k}, I^1, \dfrac{\alpha}{(\delta+d_R)}I^1\right)$，其中，$I^1 = \dfrac{(d_R+\omega)[\eta k A - N(\alpha+d_I)d_S]}{\eta k[(d_I+\alpha)(d_R+\omega)-\alpha\omega]}$，对应式（4.1）的基本再生数 $R_0 = \dfrac{A\eta k}{N(d_I+\alpha)d_S}$，即 $I^1 =$

$\dfrac{A(d_{\mathrm{R}}+\omega)(1-1/R_0)}{[(d_{\mathrm{I}}+\alpha)(d_{\mathrm{R}}+\omega)-\alpha\omega]}$。分析可知，当且仅当基本再生数 $R_0\leqslant1$ 时，式 (4.1) 中仅存在无病毒平衡点 P^0；当且仅当基本再生数 $R_0>1$ 时，式 (4.1) 中仅存在感染源平衡点 P^1。根据式 (4.1)，得任意平衡点 P^* 的 Jacobi 矩阵：

$$J(P^*) = \begin{bmatrix} \dfrac{-\eta k}{N}\boldsymbol{I}-d_{\mathrm{s}} & -\dfrac{kS\eta}{N} & \omega \\[2mm] \dfrac{\eta k}{N}\boldsymbol{I} & \dfrac{kS\eta}{N}-d_{\mathrm{I}}-\alpha & 0 \\[2mm] 0 & \alpha & -\delta-d_{\mathrm{R}} \end{bmatrix} \qquad (4.2)$$

定理 4-1　当 $R_0\leqslant1$ 时，平衡点 P^0 局部渐近稳定；当 $R_0>1$ 时，P^0 不稳定。

证明　由式 (4.2) 可得平衡点 P^0 处的 Jacobi 矩阵为

$$J(P^0) = \begin{bmatrix} -d_{\mathrm{s}} & -\dfrac{A\eta k}{Nd_{\mathrm{s}}} & \omega \\[2mm] 0 & \dfrac{A\eta k}{Nd_{\mathrm{s}}}-d_{\mathrm{I}}-\alpha & 0 \\[2mm] 0 & \alpha & -\omega-d_{\mathrm{R}} \end{bmatrix} \qquad (4.3)$$

$J(P^0)$ 的特征值行列式为

$$|\lambda\boldsymbol{I}-J(P^0)| = \begin{vmatrix} \lambda+d_{\mathrm{s}} & \dfrac{A\eta k}{Nd_{\mathrm{s}}} & -\omega \\[2mm] 0 & \lambda-\dfrac{A\eta k}{Nd_{\mathrm{s}}}+d_{\mathrm{I}}+\alpha & 0 \\[2mm] 0 & -\alpha & \lambda+\omega+d_{\mathrm{R}} \end{vmatrix} \qquad (4.4)$$

令 $|\lambda\boldsymbol{I}-J(P^0)|=0$，可得矩阵 $J(P^0)$ 对应的特征多项式为

$$(\lambda+d_{\mathrm{s}})(\lambda+d_{\mathrm{R}}+\omega)\left[\lambda-\dfrac{A\eta k-Nd_{\mathrm{s}}(d_{\mathrm{I}}+\alpha)}{Nd_{\mathrm{s}}}\right]=0 \qquad (4.5)$$

对应特征根 $\lambda_1=-d_{\mathrm{s}}$，$\lambda_2=-(d_{\mathrm{R}}+\omega)$，$\lambda_3=\dfrac{A\eta k-Nd_{\mathrm{s}}(d_{\mathrm{I}}+\alpha)}{Nd_{\mathrm{s}}}$。当 $R_0\leqslant1$ 时，式 (4.5) 的三个特征根均为负值，则无病毒平衡点 P^0 局部渐近稳定；当 $R_0>1$ 时，$\lambda_3>0$，式 (4.5) 存在一个正值特征根，平衡点 P^0 局部不稳定。证毕♯。

定理 4-1 表明，在遂行网络安全集体防御行动过程中，当网络病毒的攻击和感染能力未超越网络安全防御门限时，病毒的传播最终消失，感染

节点数为 0。

定理 4-2 当 $R_0>1$ 时，平衡点 $P^1(S^1,I^1,R^1)$ 局部渐近稳定。

证明 由式(4.3)可得平衡点 P^1 处的 Jacobi 矩阵为

$$J(P^1)=\begin{bmatrix} -\dfrac{\eta k}{N}I^1-d_S & -d_I-\alpha & \omega \\[2mm] \dfrac{\eta k}{N}I^1 & 0 & 0 \\[2mm] 0 & \alpha & -\omega-d_R \end{bmatrix} \tag{4.6}$$

$J(P^1)$ 的特征值行列式为

$$|\lambda I-J(P^1)|=\begin{vmatrix} \lambda+\dfrac{\eta k}{N}I^1+d_S & d_I+\alpha & -\omega \\[2mm] -\dfrac{\eta k}{N}I^1 & \lambda & 0 \\[2mm] 0 & -\alpha & \lambda+\omega+d_R \end{vmatrix} \tag{4.7}$$

令 $|\lambda I-J(P^1)|=0$，得矩阵 $J(P^1)$ 所对应的特征多项式为

$$\lambda^3+\mu_1\lambda^2+\mu_2\lambda+\mu_3=0 \tag{4.8}$$

式中：

$$\mu_1=\frac{\eta k}{N}I^1+\omega+d_S+d_R$$

$$\mu_2=\frac{k\eta I^1}{N}(\omega+\alpha+d_I+d_R)+d_S(\omega+d_R) \tag{4.9}$$

$$\mu_3=\frac{\eta k I^1}{N}(d_R d_I+d_I\omega+d_R\alpha)$$

根据 Routh-Hurwitz 稳定判据，计算可得 $\mu_1>0$，$\mu_2>0$，$\mu_1\mu_2-\mu_3>0$，式(4.8)对应的特征根全部位于左半平面，对应 $J(P^1)$ 的特征值实部为负。可知当基本再生数 $R_0>1$ 时，感染源平衡点 P^1 局部渐近稳定。证毕♯。

定理 4-2 表明，在遂行网络安全集体防御行动中，当网络病毒的攻击感染能力超过网络生态系统的安全防御门限时，网络中的病毒将持续存在，并逐渐趋于稳定状态。

4.4.3 要素动态演化分析

定理 4-1 和定理 4-2 已经证明，当 $R_0\leqslant1$ 时，系统在无病毒平衡点 P^0 处局部渐近稳定，即网络病毒最终会被消除；当 $R_0>1$ 时，系统在感染

源平衡点 $P^1(S^1, I^1, R^1)$ 局部渐近稳定，即网络病毒将持续存在。为了验证理论分析的合理性，围绕基本再生数 $R_0 = A\eta k/Nd_S(\alpha+d_I)$，重点分析网络增加节点 A、易感节点移除率 d_S 和感染节点移除率 d_I 等三个参数对病毒传播的影响。由于 Matlab 组件 Simulink 可以仿真求解非线性微分方程组，适用于网络病毒传播动力学模型求解分析，因此以下使用该工具分析三个参数对网络病毒传播的影响，进而验证模型的有效性及系统随时间的演进关系。未作特别说明情况下，仿真中的单位时间为 1 s，同时设置变量的初值和相关参数，令网络节点的总数 $N=1000$，网络节点的度 $k=30$。同时，考虑初始时刻网络中只存在大量易感节点和少量感染节点，对应状态节点初值分别为 $(S(0), I(0), R(0))=(900, 100, 0)$，同步给出其他参数的基本设置，$A=10$，$\alpha=0.8$，$d_S=0.05$，$d_I=0.1$，$d_R=0.04$，$\omega=0.1$，$\eta=0.2$。

1. 网络增加节点 A 对信息扩散免疫的影响

针对网络增加节点 A 进行动力学研究和临界分析。令基本再生数 $R_0 = A\eta k/Nd_S(\alpha+d_I)=1$，可知网络增加节点的传播阈值 $A_{\lim}=Nd_S(\alpha+d_I)/\eta k=7.5$，即当 $A \leqslant A_{\lim}$ 时，网络在无病毒平衡点 P^0 处局部渐近稳定；当 $A > A_{\lim}$ 时，网络在感染源平衡点 P^1 处局部渐近稳定。分别取网络增加节点 $A_1=5$ 和 $A_2=10$，仿真结果如图 4.5 和图 4.6 所示。当 $A_1=5 < A_{\lim}$ 时，系统局部渐近稳定在无病毒平衡点 P^0 处；当 $A_2=10 > A_{\lim}$ 时，系统局部渐近稳定在感染源平衡点 P^1 处，仿真结果与理论证明相同。

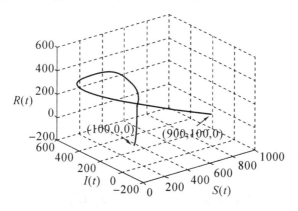

图 4.5　$A=5$ 时的变化曲线

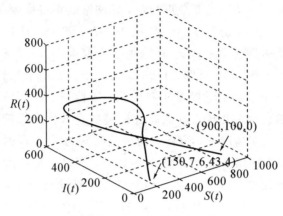

图 4.6 $A=10$ 时的变化曲线

图 4.7 表示不同网络增加节点 A 下，网络易感节点 S 随时间的变化关系，A 在区间 $[0,15]$ 内取值，步长为 5。由图 4.7 可知，当网络在无病毒平衡点 P^0 处局部渐近稳定时，随着网络增加节点 A 逐渐增大，网络易感节点的数量逐渐增大；当网络在感染源平衡点 P^1 处局部渐近稳定时，网络易感节点的数量不受网络增加节点 A 的影响。

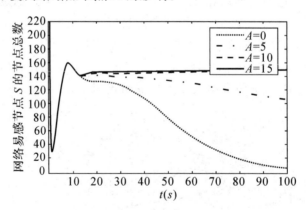

图 4.7   不同 A 下的 $S(t)$ 变化曲线

仿真结果表明，通过合理调节网络增加节点 A 的数量，能够有效控制网络生态系统在无病毒情况下的信息传播规模。

2. 易感节点移除率 d_S 对信息扩散免疫的影响

针对网络增加节点易感节点移除率 d_S 进行动力学研究和临界分析。令基本再生数 $R_0=1$，可知网络增加节点的传播阈值 $d_{S_{\lim}}=A\eta k/N$

$(d_1+a)=0.067$，即当 $d_S \leqslant d_{S_{\lim}}$ 时，网络在感染源平衡点 P^1 处达成局部渐近稳定；当 $d_S > d_{S_{\lim}}$ 时，网络在无病毒平衡点 P^0 处达成局部渐近稳定。分别取网络增加节点 $d_S=0.01$ 和 $d_S=0.1$，仿真结果如图 4.8 和图 4.9 所示。当 $d_S=0.01 < d_{S_{\lim}}$ 时，系统局部渐近稳定在感染源平衡点 P^1 处；当 $d_S=0.1 > d_{S_{\lim}}$ 时，系统局部渐近稳定在无病毒平衡点 P^0 处，仿真结果与理论证明相同。

图 4.10 表示不同易感节点移除率 d_S 下，网络易感节点 S 随时间的变化关系，d_S 在区间 $[0,0.15]$ 内取值，步长为 0.05。由图 4.10 可知，当网络在感染源平衡点 P^1 处局部渐近稳定时，网络易感节点的数量不受易感节点移除率 d_S 的影响；当网络在无病毒平衡点 P^0 处局部渐近稳定时，随着易感节点移除率 d_S 逐渐增大，网络易感节点的数量逐渐减少。

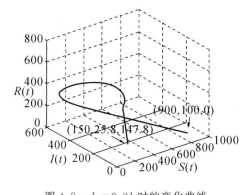

图 4.8　$d_S=0.01$ 时的变化曲线

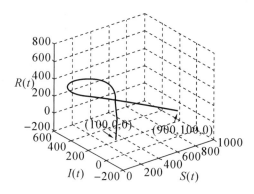

图 4.9　$d_S=0.1$ 时的变化曲线

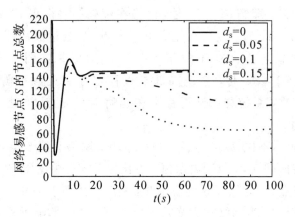

图 4.10 不同 d_S 下的 $S(t)$ 变化曲线

仿真结果表明，易感节点移除率 d_S 越大，网络中易感节点数量越少，相应的感染节点越多，网络受病毒感染越严重，网络病毒传播规模越大。因此，通过合理调节易感节点移除率 d_S，能够有效控制网络病毒在感染源存在情况下的传播规模。

3. 感染节点移除率 d_I 对信息扩散免疫的影响

针对网络增加节点感染节点移除率 d_I 进行动力学研究和临界分析。令基本再生数 $R_0 = 1$，可知感染节点移除率的传播阈值 $d_{I_{\lim}} = (A\eta k/Nd_S) - \alpha = 0.4$，即当 $d_I \leqslant d_{I_{\lim}}$ 时，网络在感染源平衡点 P^1 处达成局部渐近稳定；当 $d_I > d_{I_{\lim}}$ 时，网络在无病毒平衡点 P^0 处达成局部渐近稳定。分别取感染节点移除率 $d_I = 0.2$ 和 $d_I = 0.6$，仿真结果如图 4.11 和图 4.12 所示。当 $d_I = 0.2 < d_{I_{\lim}}$ 时，系统局部渐近稳定在感染源平衡点 P^1 处；当 $d_I = 0.6 > d_{I_{\lim}}$ 时，系统局部渐近稳定在无病毒平衡点 P^0 处，仿真结果与理论证明相同。

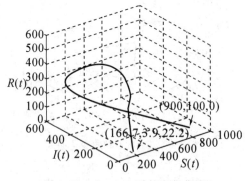

图 4.11 $d_I = 0.2$ 时的变化曲线

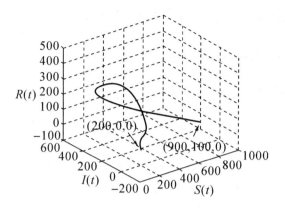

图 4.12 $d_1 = 0.6$ 时的变化曲线

图 4.13 表示不同感染节点移除率 d_1 下，网络易感节点 S 随时间的变化关系，d_1 在区间 $[0, 0.6]$ 内取值，步长为 0.2。由图 4.13 可知，当网络在感染源平衡点 P^1 处局部渐近稳定时，随着感染节点移除率 d_1 逐渐增大，网络易感节点的数量逐渐增大；当网络在无病毒平衡点 P^0 处局部渐近稳定时，网络易感节点的数量不受感染节点移除率 d_1 的影响。

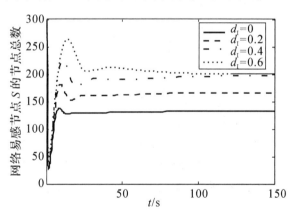

图 4.13 不同 d_1 下的 $S(t)$ 变化曲线

仿真结果表明，通过合理调节感染节点移除率 d_1，能够有效控制网络在无病毒情况下的传播规模。

4.5 潜伏-隔离下的要素动态演化

针对网络行动隐蔽高效、高边疆和深度攻防等特点，在 SIRS 病毒传播模型基础上,引入潜伏状态和隔离状态,构建潜伏-隔离下的网络病毒扩散-免疫模型,并运用 Routh-Hurwitz 稳定判据,分析模型的稳定性、基本再生数 R_0 及其对网络感染源和系统状态的影响。

4.5.1　模型构建

从网络安全和信息扩散的角度分析,网络武器(如网络飞行器、网络病毒)通常以潜伏状态注入对手的网络链路和节点单元中,并根据需要选择合适的时机和手段激发网络病毒,实施网络感染和攻击行动,"潜伏"性是网络行动中研究病毒扩散-免疫应重点考虑的因素。另外,从网络安全防御的角度来看,立体深度和集体行动已成为网络安全防御的新理念,通过一定的策略和技术手段实现对受感染节点的物理隔绝处置,如节点受到某种程度的病毒感染后,自主断开与其他节点的连通,节点的"隔离"状态也是网络安全和病毒扩散-免疫研究必须考虑的因素。为此,应考虑在传统网络病毒扩散模型基础上增加潜伏状态和隔离状态。参考经典 SIR 模型,潜伏-隔离下的病毒扩散-免疫模型如图 4.14 所示。

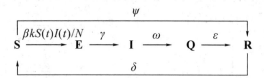

图 4.14　潜伏-隔离下的病毒扩散-免疫模型

图 4.14 中存在如下转换关系:

(1)易感状态 S→潜伏状态 E,表示在网络安全防御行动中,网络节点受网络病毒攻击感染后,其受攻击感染的表征被暂时隐藏,处于待激活启动状态,不具备攻击感染能力。转移参数 β 为网络节点与网络病毒相互接触的概率。

(2)易感状态 S→免疫状态 R,表示在网络安全防御行动中,部分网络节点自身具备抗病毒能力,不受网络病毒攻击感染。转移参数 ψ 为网络节点具有抗网络病毒攻击感染能力的概率。

(3)潜伏状态 E→感染状态 I,表示在网络安全防御行动中,潜伏的网络病毒激活后具备攻击感染其他网络节点的能力。转移参数 γ 为潜伏状态转换为感染状态的概率,表示病毒攻击感染网络中其他节点,并使其携带病毒信息的概率。

（4）感染状态 I→隔离状态 Q，表示在网络安全防御行动中，受病毒攻击感染的网络节点进行自主防御、自愈修复，断开通信连接。转移参数 ω 为网络病毒或受病毒攻击感染的网络节点断开通信连接的概率。

（5）隔离状态 Q→免疫状态 R，表示在网络安全防御行动中，受攻击感染的网络节点进行自主免疫后具备抗病毒攻击感染的能力。转移参数 ε 为断开通信连接的网络节点具有抵御网络病毒攻击能力的概率。

（6）免疫状态 R→易感状态 S，表示在网络安全防御行动中，网络节点的抗病毒能力随着安全防御过程逐渐减弱，最终不具备抗病毒能力。转移参数 δ 为网络节点抗病毒能力逐渐减弱的概率。

网络中节点连通性与节点接触半径 r 和节点分布密度 ρ 有关，节点之间的有效传播区域为以该节点为中心、半径为 r 的圆，即该有效传播的区域面积为 πr^2。因此，可将网络节点度 k 进一步分解，考虑到节点度分布的计算不包括节点自身，故 k 可表示为 $k = \rho \pi r^2 - 1$。

根据微分系统动力学原理，模型对应的数学表达式为

$$\begin{cases} \dfrac{\mathrm{d}S(t)}{\mathrm{d}t} = -\beta(\rho\pi r^2 - 1)\dfrac{S(t)I(t)}{N} - \psi S(t) + \delta R(t) \\[2mm] \dfrac{\mathrm{d}E(t)}{\mathrm{d}t} = \beta(\rho\pi r^2 - 1)\dfrac{S(t)I(t)}{N} - \gamma E(t) \\[2mm] \dfrac{\mathrm{d}I(t)}{\mathrm{d}t} = \gamma E(t) - \omega I(t) \\[2mm] \dfrac{\mathrm{d}Q(t)}{\mathrm{d}t} = \omega I(t) - \varepsilon Q(t) \\[2mm] \dfrac{\mathrm{d}R(t)}{\mathrm{d}t} = \varepsilon Q(t) + \psi S(t) - \delta R(t) \end{cases} \quad (4.10)$$

式中：$S(t)$、$E(t)$、$I(t)$、$Q(t)$ 和 $R(t)$ 分别为 t 时刻易感节点、潜伏节点、感染节点、隔离节点和免疫节点的数量；N 为网络节点总数；$\beta(\rho\pi r^2 - 1) \cdot S(t)I(t)/N$ 为 t 时刻网络易感节点遭受病毒感染的概率。

4.5.2　稳定性分析

网络生态系统中要素动态演化的稳定性是指网络中处于不同状态的节点数逐渐趋于稳定，且不受时间和网络中其他因素（感染源）的影响。为求解平衡点，式（4.10）可进一步表示为

$$\begin{cases} \dfrac{\mathrm{d}S(t)}{\mathrm{d}t} = -(\rho\pi r^2 - 1)\dfrac{\beta S(t)I(t)}{N} - \psi S(t) \\ \qquad\qquad + \delta[N - S(t) - E(t) - I(t) - Q(t)] \\ \dfrac{\mathrm{d}E(t)}{\mathrm{d}t} = (\rho\pi r^2 - 1)\dfrac{\beta S(t)I(t)}{N} - \gamma E(t) \\ \dfrac{\mathrm{d}I(t)}{\mathrm{d}t} = \gamma E(t) - \omega I(t) \\ \dfrac{\mathrm{d}Q(t)}{\mathrm{d}t} = \omega I(t) - \varepsilon Q(t) \end{cases} \qquad (4.11)$$

令 $\dfrac{\mathrm{d}S(t)}{\mathrm{d}t} = 0$，$\dfrac{\mathrm{d}E(t)}{\mathrm{d}t} = 0$，$\dfrac{\mathrm{d}I(t)}{\mathrm{d}t} = 0$，$\dfrac{\mathrm{d}Q(t)}{\mathrm{d}t} = 0$，当 $t \to \infty$ 时，系统各状态节点数趋于平稳，且与时间无关。由式（4.11）分析可得平衡点 $P^0(S^0, E^0, I^0, Q^0) = \left(\dfrac{\delta}{\psi + \delta}N, 0, 0, 0\right)$，对应的潜伏、感染和隔离状态的节点数均为 0，该平衡点为无病毒平衡点。

式（4.11）中的另一个平衡点 $P^1(S^1, E^1, I^1, Q^1)$，其中，$S^1 = \dfrac{\omega N}{(\rho\pi r^2 - 1)\beta}$，$E^1 = \dfrac{\omega\varepsilon N[(\rho\pi r^2 - 1)\beta\delta - \omega(\delta + \psi)]}{\beta(\rho\pi r^2 - 1)[\delta(\omega\varepsilon + \gamma\omega + \gamma\varepsilon) + \gamma\varepsilon\omega]}$，对应式（4.10）的基本再生数 $R_0 = \dfrac{(\rho\pi r^2 - 1)\beta\delta}{\omega(\delta + \psi)}$，进一步转化可得基于 R_0 的对应表达式：

$$E^1 = \frac{\omega\varepsilon N\delta(1 - 1/R_0)}{\delta(\omega\varepsilon + \gamma\omega + \gamma\varepsilon) + \gamma\varepsilon\omega}, \quad I^1 = \frac{\gamma}{\omega}E^1, \quad Q^1 = \frac{\omega}{\varepsilon}I^1 = \frac{\gamma}{\varepsilon}E^1$$

记 $P^*=(S^*, E^*, I^*, Q^*)$ 为式（4.11）的任意平衡点。由式（4.11）可得，任意平衡点 P^* 的 Jacobi 矩阵为

$$\boldsymbol{J}(P^*) = \begin{bmatrix} \dfrac{-(\rho\pi r^2 - 1)I\beta}{N} - \psi - \delta & -\delta & \dfrac{(\rho\pi r^2 - 1)S\beta}{N} - \delta & -\delta \\ \dfrac{(\rho\pi r^2 - 1)I\beta}{N} & -\gamma & \dfrac{(\rho\pi r^2 - 1)S\beta}{N} & 0 \\ 0 & \gamma & -\omega & 0 \\ 0 & 0 & \omega & -\varepsilon \end{bmatrix}$$

$$(4.12)$$

定理 4 - 3　当 $R_0 \leqslant 1$ 时，式（4.11）的平衡点 P^0 局部渐近稳定；当 $R_0 > 1$ 时，平衡点 P^0 不稳定。

证明　由式（4.12）可得平衡点 P^0 处的 Jacobi 矩阵为

$$J[P^0) = \begin{bmatrix} -\psi-\delta & -\delta & -(\rho\pi r^2-1)\beta\dfrac{\delta}{\delta+\psi} & -\delta & -\delta \\ 0 & -\gamma & (\rho\pi r^2-1)\beta\dfrac{\delta}{\delta+\psi} & & 0 \\ 0 & \gamma & -\omega & & 0 \\ 0 & 0 & \omega & & -\varepsilon \end{bmatrix} \quad (4.13)$$

矩阵 $J(P^0)$ 所对应的特征多项式为

$$(\lambda+\varepsilon)(\lambda+\psi+\delta)\left[\lambda^2+(\omega+\gamma)\lambda+\omega\gamma-\beta\gamma\frac{\delta}{\delta+\psi}(\rho\pi r^2-1)\right]=0$$
$$(4.14)$$

可得式(4.14)对应的前两个特征根分别为 $\lambda_1=-\varepsilon$，$\lambda_2=-(\psi+\delta)$，等式 $\lambda^2+(\gamma+\omega)\lambda+\dfrac{\gamma}{\delta+\psi}[\omega(\delta+\psi)-\delta\beta(\rho\pi r^2-1)]=0$ 的解是式(4.14)的另外两个特征根。结合等式分析可知：当 $R_0\leqslant1$ 时，式(4.14)的根实部均为负，平衡点 P^0 局部渐近稳定；当 $R_0>1$ 时，矩阵 $J(P^0)$ 存在一个特征根为正，平衡点 P^0 不稳定。证毕♯。

定理 4-4　当 $R_0>1$ 时，式(4.11)的平衡点 $P^1(S^1,E^1,I^1,Q^1)$ 局部渐近稳定。

证明　由式(4.12)可得平衡点 P^1 处的 Jacobi 矩阵为

$$J(P^1) = \begin{bmatrix} -\dfrac{(\rho\pi r^2-1)\beta I^1}{N}-\psi-\delta & -\delta & -\omega-\delta & -\delta \\ \dfrac{(\rho\pi r^2-1)\beta I^1}{N} & -\gamma & \omega & 0 \\ 0 & \gamma & -\omega & 0 \\ 0 & 0 & \omega & -\varepsilon \end{bmatrix} \quad (4.15)$$

矩阵 $J(P^1)$ 所对应的特征多项式为
$$\lambda^4+\mu_1\lambda^3+\mu_2\lambda^2+\mu_3\lambda+\mu_4=0 \quad (4.16)$$
式中：

$$\mu_1=\frac{(\rho\pi r^2-1)\beta I^1}{N}+\gamma+\varepsilon+\psi+\delta+\omega$$

$$\mu_2=\frac{(\rho\pi r^2-1)\beta I^1}{N}(\varepsilon+\gamma+\omega+\delta)+\varepsilon(\psi+\delta+\gamma+\omega)+(\psi+\delta)(\gamma+\omega)$$

$$\mu_3=\frac{(\rho\pi r^2-1)\beta I^1}{N}(\varepsilon\gamma+\varepsilon\omega+\varepsilon\delta+\omega\delta+\omega\gamma+\gamma\delta)+\varepsilon(\psi+\delta)(\gamma+\omega)$$

$$\mu_4 = \frac{(\rho \pi r^2 - 1)\beta I^1}{N}(\omega\delta\varepsilon + \gamma\omega\varepsilon + \gamma\delta\varepsilon + \gamma\omega\delta)$$

根据 Routh-Hurwitz 稳定判据，计算可得 μ_1，$\mu_2 > 0$，$\mu_1\mu_2 - \mu_3 > 0$，μ_3 $(\mu_1\mu_2 - \mu_3) - \mu_4 > 0$。当 $R_0 > 1$ 时，平衡点 $P^1(S^1，E^1，I^1，Q^1)$ 局部渐近稳定。证毕♯。

上述稳定性分析也彰显了网络病毒入侵和防御中的"潜伏-隔离"特点规律。在网络安全集体防御行动中，当网络病毒攻击未超出网络安全防御能力的某一门限值时，即便网络节点受到病毒入侵，但由于具有优势的网络安全免疫机制和技术，受病毒信息感染的节点和携带病毒信息的节点均被隔离后修复，整个网络逐渐趋于稳定；反之，如果病毒入侵超过网络安全防御能力门限，网络病毒节点、受病毒攻击感染的网络节点以及断开通信连接的网络病毒节点将持续存在，并以一定的节点数目比例逐渐趋于稳定。

4.5.3 要素动态演化分析

选取节点有效连通半径 r、节点分布密度 ρ 和节点接触率 β 三个参数，仿真验证其对病毒扩散的影响。选取仿真参数，设置节点总数 $N = 1000$，各状态节点数量初始值为 $(S(0)，E(0)，I(0)，Q(0)) = (980，0，20，0)$，$\delta = 0.1$，$\psi = 0.9$，$\beta = 0.2$，$\rho = 0.01$，$\gamma = 0.6$，$r = 30$，$\omega = 0.5$，$\varepsilon = 0.8$。

1. 网络节点连通半径 r 对病毒扩散免疫的影响

调整节点连通半径值，分析其对病毒扩散免疫的影响。令基本再生数 $R_0 = 1$，可得对应节点连通半径传播阈值为 $r_{\lim} = \sqrt{\dfrac{\omega(\delta + \psi)/\beta\delta + 1}{\rho\pi}} = 28.8$，即当 $r \leqslant r_{\lim}$ 时，系统局部渐近稳定在平衡点 P^0 处；当 $r > r_{\lim}$ 时，系统局部渐近稳定在平衡点 P^1 处。图 4.15 和图 4.16 分别表示不同连通半径 r 对应易感状态 S 和感染状态 I 的变化曲线。r 在区间 [10，50] 内取值，步长为 10。当 $r = 10，20 < r_{\lim}$ 时，系统局部渐近稳定在平衡点 $P^0(100，0，0，0)$ 处；当 $r = 30，40，50 > r_{\lim}$ 时，系统局部渐近稳定在平衡点 P^1 处。当系统稳定在平衡点 P^1 处时，易感状态 S 的节点数随着 r 的增大而增大。可见，节点连通半径越大，入侵病毒越容易攻击感染网络信息节点，并在网络实施安全防御后逐渐趋于稳定。通过调节 r 值，实现对网络病毒扩散的有效控制。

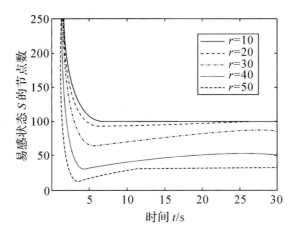

图 4.15 不同 r 下 S 的变化曲线

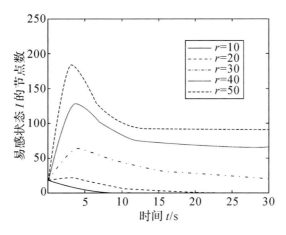

图 4.16 不同 r 下 I 的变化曲线

2. 网络节点分布密度 ρ 对病毒扩散-免疫的影响

调整节点分布密度,分析其对病毒扩散-免疫的影响。令基本再生数 $R_0=1$,可得节点分布密度的传播阈值为 $\rho_{\lim}=0.009$,即当 $\rho \leqslant \rho_{\lim}$ 时,系统在平衡点 P^0 处局部渐近稳定;当 $\rho > \rho_{\lim}$ 时,系统在平衡点 P^1 处局部渐近稳定。图 4.17 和图 4.18 分别表示不同节点分布密度 ρ 对应易感状态 S 和感染状态 I 的变化曲线。ρ 在区间 $[0.002, 0.018]$ 内取值,步长为 0.004。当 $\rho=0.002, 0.006 < \rho_{\lim}$ 时,系统局部渐近平衡点为 P^0 (100, 0, 0, 0);当 $\rho=0.01, 0.014, 0.018 > \rho_{\lim}$ 时,系统局部渐近稳定在平衡点 P^1。当系统在局部渐近稳定平衡点 P^1 处时,易感状态 S 的节点数随着 ρ 的增大而减小,感染状态 I 的节点数随着 ρ 的增大而增大。可见,节点分布密度越大,入侵病毒越容易攻击网络节点,并在网络实施安全防御后逐渐趋于稳定。通过调节 ρ 值,实现对网络病毒扩散的有效控制。

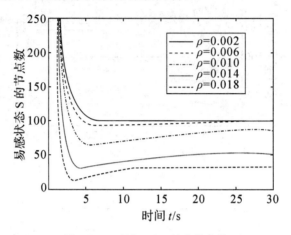

图 4.17   不同 ρ 下 S 的变化曲线

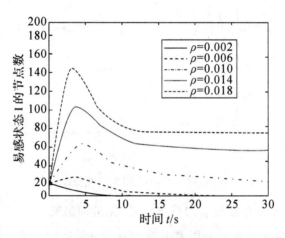

图 4.18   不同 ρ 下 I 的变化曲线

3. 网络节点接触率 β 对病毒扩散-免疫的影响

调整节点接触率,分析其对病毒扩散-免疫的影响。令基本再生数 $R_0 = 1$,可得节点接触率的传播阈值 $\beta_{\lim} = 0.183$,即当 $\beta \leqslant \beta_{\lim}$ 时,系统在平衡点 P^0 处局部渐近稳定;当 $\beta > \beta_{\lim}$ 时,系统在平衡点 P^1 处局部渐近稳定。图 4.19 和图 4.20 分别表示不同节点接触率 β 对应易感状态 S 和感染状态 I 的变化曲线。其中，β 在区间 $[0.1, 0.3]$ 内取值，步长为 0.05，当 $\beta=0.1$，$0.15<\beta_{lim}$ 时，系统局部渐近稳定在平衡点 $P^0(100, 0, 0, 0)$ 处；当 $\beta=0.2$，0.25，$0.3>\beta_{lim}$ 时，系统局部渐近稳定在平衡点 P^1 处。当系统在局部渐近稳定平衡点 P^1 处时，易感状态 S 的节点数随着 β 的增大而减小，感染状态 I 的节点数随着 β 的增大而增大。可见，节点接触率越大，入侵病毒越容易攻击感染网络节点，并在网络实施安全防御后逐渐趋于稳定。通过调节 β 值，实现对网络病毒扩散的有效控制。

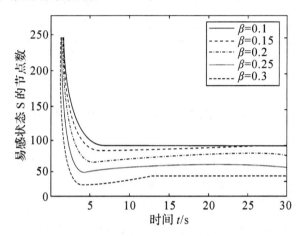

图 4.19　不同 β 下 S 的变化曲线

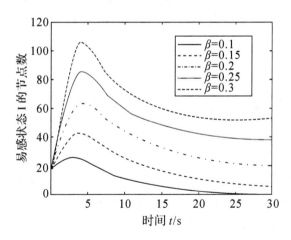

图 4.20　不同 β 下 I 的变化曲线

　　按照以上仿真步骤，调整仿真参数中的各状态节点数量初始值，多组仿真结果与以上给出的仿真结果大体相似。

仿真结果表明：

（1）通过降低网络信息节点的连通半径、节点分布密度和节点接触率，可有效减少网络病毒与网络中其他节点的通信连接，从而降低病毒攻击感染网络节点的概率。

（2）如果网络侦察鉴别能力较弱，病毒感染节点将迅速增加而隔离节点数相对较少。

（3）如果网络防御和病毒侦察鉴别能力较强，隔离节点数在一段时间内将持续且相对缓慢增长，一旦掌握了病毒入侵特征和免疫手段，网络病毒将可能被迅速消除，潜伏节点数迅速降低至稳态，隔离节点数目在动态变化中趋向稳态。

4.6　复杂潜伏转移模式下的要素动态演化

与潜伏-隔离下的病毒扩散-免疫不同，考虑网络安全集体防御的动态实时、自主免疫和自愈修复等特点，处于潜伏状态的网络节点除了转化为带感染能力的节点外，还可能会因网络生态系统的动态实时和自愈修复等特性将受病毒感染而待激活的网络节点实时修复，使之恢复到健康状态；同时，还可能会因网络生态系统的自主免疫特性使网络节点具有抗病毒能力。基于此，建立复杂潜伏转移模式下的要素动态演化模型，分析影响因素。

4.6.1　模型构建

考虑网络行动的动态实时、自主免疫和自愈修复特点，现实情况中处于潜伏待激活状态的病毒或受病毒感染的网络信息节点可能会转化为以下三种状态：

（1）易感状态，基于网络生态系统要素或节点的自愈修复能力，受病毒感染的网络节点在激活感染其他网络节点之前，通过自愈修复成为健康节点，但不具有抗病毒能力，易受病毒感染。

（2）感染状态，网络病毒或受病毒感染的网络节点在受激活启动后，直接感染其他健康网络节点，使得健康网络节点具有感染其他网络节点的能力。

（3）免疫状态，基于网络生态系统要素或节点的自主免疫特性，受病毒感染的网络节点在受激活感染其他网络节点之前，进行免疫修复，具有抗病毒能力。

具体而言，要素动态演化过程中潜伏状态 E 存在向易感状态 S、感染状态 I 或免疫状态 R 等三种状态转移的可能，如图 4.21 所示。

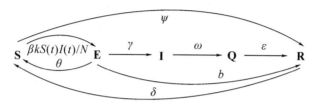

图 4.21 复杂潜伏转移模式下的要素动态演化模型

根据微分系统动力学原理，模型的数学表达式为

$$\begin{cases} \dfrac{dS(t)}{dt} = \dfrac{-\beta k S(t) I(t)}{N} - \psi S(t) + \theta E(t) + \delta R(t) \\[2mm] \dfrac{dE(t)}{dt} = \dfrac{\beta k S(t) I(t)}{N} - \gamma E(t) - \theta E(t) - b E(t) \\[2mm] \dfrac{dI(t)}{dt} = \gamma E(t) - \omega I(t) \\[2mm] \dfrac{dQ(t)}{dt} = \omega I(t) - \varepsilon Q(t) \\[2mm] \dfrac{dR(t)}{dt} = \varepsilon Q(t) + \psi S(t) + b E(t) - \delta R(t) \end{cases} \tag{4.17}$$

4.6.2 稳定性分析

根据式（4.13），对式（4.17）可进一步表述如下：

$$\begin{cases} \dfrac{dS(t)}{dt} = \dfrac{-k\beta S(t) I(t)}{N} - \psi S(t) + \theta E(t) \\ \qquad\qquad + \delta[N - S(t) - E(t) - I(t) - Q(t)] \\[2mm] \dfrac{dE(t)}{dt} = \dfrac{k\beta S(t) I(t)}{N} - (\gamma + \theta + b) E(t) \\[2mm] \dfrac{dI(t)}{dt} = \gamma E(t) - \omega I(t) \\[2mm] \dfrac{dQ(t)}{dt} = \omega(t) I - \varepsilon Q(t) \end{cases} \tag{4.18}$$

令 $\dfrac{\mathrm{d}S(t)}{\mathrm{d}t}=0$，$\dfrac{\mathrm{d}E(t)}{\mathrm{d}t}=0$，$\dfrac{\mathrm{d}I(t)}{\mathrm{d}t}=0$，$\dfrac{\mathrm{d}Q(t)}{\mathrm{d}t}=0$，可得系统的平衡点：

$$P^0(S^0,\ E^0,\ I^0,\ Q^0)=\left(\dfrac{\delta}{\psi+\delta}N,\ 0,\ 0,\ 0\right)$$

$$P^1(S^1,\ E^1,\ I^1,\ Q^1)=\left(\dfrac{(\gamma+\theta+b)\omega N}{k\beta\gamma},\ E^1,\ \dfrac{\gamma}{\omega}E^1,\ \dfrac{\gamma}{\varepsilon}E^1\right)$$

式中：$E^1=\dfrac{N\omega\varepsilon[\beta k\delta\gamma-(\psi+\delta)(\gamma+\theta+b)\omega]}{\beta k\gamma[\delta(\omega\varepsilon+\gamma\varepsilon+\gamma\omega)+(\gamma+b)\omega\varepsilon]}$，对应式(4.18)的基本再生数

$R_0=\dfrac{k\gamma\beta\delta}{\omega(\delta+\psi)(\gamma+\theta+b)}$。

分析可知，当且仅当 $R_0\leqslant1$ 时，式(4.18)仅存在无病毒平衡点 P^0；当且仅当 $R_0>1$ 时，式(4.18)仅存在感染源平衡点 P^1。根据式(4.18)，可得任意平衡点 P^* 的 Jacobi 矩阵为

$$\boldsymbol{J}(P^*)=\begin{bmatrix} \dfrac{-kI\beta}{N}-\psi-\delta & \theta-\delta & -\dfrac{kS\beta}{N}-\delta & -\delta \\[2mm] \dfrac{kI\beta}{N} & -(\gamma+\theta+b) & \dfrac{kS\beta}{N} & 0 \\[2mm] 0 & \gamma & -\omega & 0 \\[2mm] 0 & 0 & \omega & -\varepsilon \end{bmatrix} \quad (4.19)$$

定理 4-5 当 $R_0\leqslant1$ 时，P^0 局部渐近稳定；当 $R_0>1$ 时，P^0 局部不稳定。

证明 由式(4.19)可得平衡点 P^0 处的 Jacobi 矩阵为

$$\boldsymbol{J}(P^0)=\begin{bmatrix} -\psi-\delta & \theta-\delta & k\beta\dfrac{\delta}{\delta+\psi}-\delta & -\delta \\[2mm] 0 & -(\gamma+\theta+b) & k\beta\dfrac{\delta}{\delta+\psi} & 0 \\[2mm] 0 & \gamma & -\omega & 0 \\[2mm] 0 & 0 & \omega & -\varepsilon \end{bmatrix} \quad (4.20)$$

矩阵 $\boldsymbol{J}(P^0)$ 所对应的特征多项式为

$$(\lambda+\varepsilon)(\lambda+\psi+\delta)\left[(\lambda+\gamma+\theta+b)(\lambda+\omega)-\beta\gamma\dfrac{\delta}{\delta+\psi}k\right]=0 \quad (4.21)$$

可得式(4.21)对应的前两个特征根分别为：$\lambda_1=-\varepsilon$，$\lambda_2=-(\psi+\delta)$，均为

负值；方程 $\lambda^2 + (\gamma+\omega+\theta+b)\lambda + \dfrac{\omega(\delta+\psi)(\gamma+\theta+b)-\delta\beta\gamma k}{\delta+\psi} = 0$ 的解为式 (4.21) 的另外两个特征根。分析可知，当 $R_0 \leqslant 1$ 时，λ_1，λ_2 和另外两个特征根的实部均为负，无病毒平衡点 P^0 局部渐近稳定；当 $R_0 > 1$ 时，矩阵 $\boldsymbol{J}(P^0)$ 存在一个特征根为正，平衡点 P^0 局部不稳定。证毕♯。

定理 4-5 表明，在网络安全集体防御行动中，当网络病毒的攻击感染能力未达到网络安全防御门限时，网络安全防御占据优势地位，网络中最终只存在易感节点和抗病毒节点，携带病毒信息的网络节点和受病毒信息感染的网络节点均可被隔离后修复。

定理 4-6 当 $R_0 > 1$ 时，平衡点 $P^1(S^1, E^1, I^1, Q^1)$ 局部渐近稳定。

证明 由式(4.3)可得平衡点 P^1 处的 Jacobi 矩阵为

$$\boldsymbol{J}(P^1) = \begin{bmatrix} -\dfrac{k\beta I^1}{N} - \psi - \delta & \theta - \delta & -\dfrac{\gamma+\theta+b}{\gamma}\omega - \delta & -\delta \\ \dfrac{k\beta I^1}{N} & -(\gamma+\theta+b) & \dfrac{\gamma+\theta+b}{\gamma}\omega & 0 \\ 0 & \gamma & -\omega & 0 \\ 0 & 0 & \omega & -\varepsilon \end{bmatrix}$$

(4.22)

$\boldsymbol{J}(P^1)$ 所对应的特征多项式为

$$\lambda^4 + \mu_1\lambda^3 + \mu_2\lambda^2 + \mu_3\lambda + \mu_4 = 0 \tag{4.23}$$

式中

$$\mu_1 = \gamma+\theta+b+\omega+\varepsilon+\psi+\delta+\frac{k\beta I^1}{N}$$

$$\mu_2 = \left(\frac{k\beta I^1}{N}+\psi+\delta\right)(\gamma+\theta+b+\omega) + \frac{k\beta I^1}{N}(\delta-\theta)$$
$$+ \varepsilon(\gamma+\theta+b+\omega)$$

$$\mu_3 = \left(\frac{k\beta I^1}{N}+\psi+\delta\right)(\gamma+\theta+b+\omega)\varepsilon$$
$$+ \frac{k\beta I^1}{N}\left[(\delta-\theta)(\varepsilon+\omega)+(\gamma+\theta+b)\omega+\gamma\delta\right]$$

$$\mu_4 = \frac{k\beta I^1\left[(\delta+\gamma+b)\varepsilon\omega+\gamma\omega\delta+\varepsilon\gamma\delta\right]}{N}$$

根据 Routh-Hurwitz 稳定判据，计算可得 μ_1，$\mu_2 > 0$，$\mu_1\mu_2 - \mu_3 > 0$，$\mu_3(\mu_1\mu_2 - \mu_3) - \mu_4 > 0$。对应的特征根全部位于坐标轴的左半平面，对应 $J(P^1)$ 的特征值实部为负。可得结论：当基本再生数 $R_0 > 1$ 时，感染源平衡点 $P^1(S^1, E^1, I^1, Q^1)$ 局部渐近稳定。证毕♯。

定理 4-6 表明，在网络行动中，当网络病毒的感染能力超过网络安全防御门限时，携带病毒信息的网络节点、受病毒信息感染的网络节点和断开通信连接的网络节点将以一定的比值持续存在，并逐渐趋于稳定。

4.6.3　要素动态演化分析

选取仿真参数，设置网络信息节点总数 $N = 1000$，网络节点度为 $k = 30$。网络信息节点在初始时刻只存在易感状态和感染状态，对应节点数初值分别设置为 $(S(0), E(0), I(0), Q(0)) = (980, 0, 20, 0)$，同步给出其他参数的基本设置，$\delta = 0.2$，$\psi = 0.8$，$\beta = 0.2$，$\theta = 0.78$，$\gamma = 0.6$，$\omega = 0.5$，$\varepsilon = 0.8$，$b = 0.06$。

1. E-S 转移概率 θ 对病毒扩散-免疫的影响

运用控制变量的思想，保持其他参数值不变，调整 E-S 转移概率 θ 值并分析其对病毒传播的影响。根据基本再生数 R_0，可知 E-S 转移概率的阈值 $\theta_{lim} = 0.78$。当 $\theta \geqslant \theta_{lim}$ 时，系统局部渐近稳定在无病毒平衡点 P^0 处；当 $\theta < \theta_{lim}$ 时，系统局部渐近稳定在感染源平衡点 P^1 处。图 4.22(a)～(d) 表示 θ 值为 0.8 和 0.2 时的仿真结果。当 $\theta = 0.8 > \theta_{lim}$ 时，系统在平衡点 $P^0(200, 0, 0, 0)$ 处局部渐近稳定，如图 4.22(a) 所示，图 4.22(b) 为状态 E、I 和 Q 的节点数变化放大曲线；当 $\theta = 0.2 < \theta_{lim}$ 时，系统在平衡点 $P^1(120, 65, 78, 48)$ 处局部渐近稳定，如图 4.22(c) 所示，图 4.22(d) 为状态 E、I 和 Q 的节点数变化放大曲线。

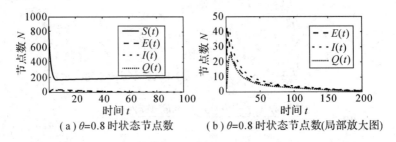

（a）$\theta = 0.8$ 时状态节点数　　（b）$\theta = 0.8$ 时状态节点数(局部放大图)

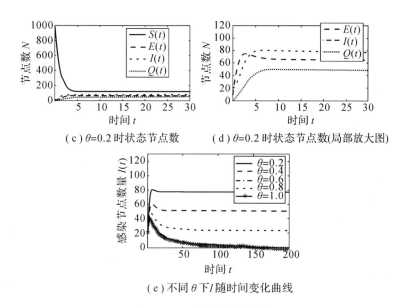

（c）$\theta=0.2$ 时状态节点数　　（d）$\theta=0.2$ 时状态节点数（局部放大图）

（e）不同 θ 下 I 随时间变化曲线

图 4.22　E-S 转移概率仿真图

图 4.22（e）表示不同 θ 下感染状态 I 的节点数随时间的变化曲线。其中，θ 在区间 $[0.2,1]$ 内取值，步长为 0.2。当 $\theta=0.8,1>\theta_{\mathrm{lim}}$ 时，系统局部渐近稳定在无病毒平衡点 P^0 处；当 $\theta=0.2,0.4,0.6<\theta_{\mathrm{lim}}$ 时，系统局部渐近稳定在感染源平衡点 P^1 处。仿真结果与理论分析一致，随着 θ 的增大，感染状态 I 的节点数逐渐减少，表明受网络病毒攻击感染的网络节点进行自愈修复的能力越强，病毒节点或受感染节点越少，网络病毒防御能力越强。显然，通过合理调控 θ，可以实现对网络病毒传播的有效控制。

2. E-I 转移概率 γ 对病毒扩散-免疫的影响

调整 E-I 转移概率 γ 值，分析其对病毒传播的影响。由基本再生数 R_0 计算可得 E-I 转移概率 γ 的阈值 $\gamma_{\mathrm{lim}}=0.58$。当 $\gamma\leqslant\gamma_{\mathrm{lim}}$ 时，系统局部渐近稳定在无病毒平衡点 P_0 处；当 $\gamma>\gamma_{\mathrm{lim}}$ 时，系统局部渐近稳定在感染源平衡点 P_1 处，图 4.23（a）～（d）分别表示 γ 值为 0.2 和 0.8 时的仿真结果。当 $\gamma=0.2<\gamma_{\mathrm{lim}}$ 时，系统在平衡点 P^0（200，0，0，0）处局部渐近稳定，如图 4.23（a）所示，图 4.23（b）为状态 E、I 和 Q 的节点数变化放大曲线；当 $\gamma=0.8>\gamma_{\mathrm{lim}}$ 时，系统在平衡点 P^1（170，18，30，18）处局部渐近稳定，如图 4.23（c）所示，图 4.23（d）为状态 E、I 和 Q 的节点数变化放大曲线。

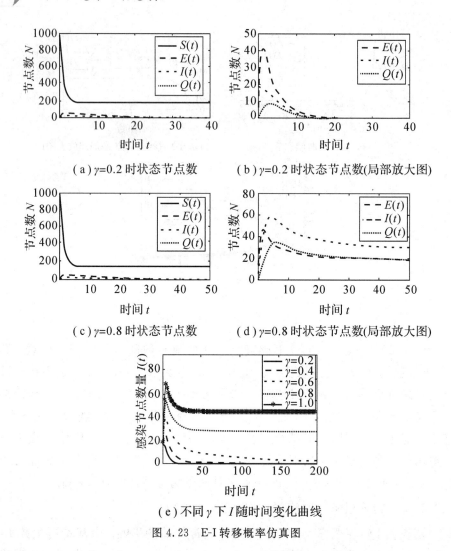

（a）γ=0.2时状态节点数　　（b）γ=0.2时状态节点数(局部放大图)

（c）γ=0.8时状态节点数　　（d）γ=0.8时状态节点数(局部放大图)

（e）不同γ下I随时间变化曲线

图4.23　E-I转移概率仿真图

图4.23(e)表示不同γ下感染状态I的节点数随时间的变化曲线。其中，γ在区间[0.2，1]内取值，步长为0.2。当γ=0.2，0.4<$\gamma_{\lim}$时，系统局部渐近稳定在无病毒平衡点P^0处。当γ=0.6，0.8，1>$\gamma_{\lim}$时，系统局部渐近稳定在感染源平衡点P^1处。仿真结果与理论分析一致，随着γ的增大，感染状态I的节点数逐渐增多，表明病毒感染节点激活启动程度越强，病毒节点数量越多，网络病毒防御能力逐渐减弱，网络病毒传播速度逐渐下降。显然，通过合理调控γ，可以实现对网络病毒传播的有效控制。

3. E-R 转移概率 b 对病毒扩散-免疫的影响

调整 E-R 转移概率 b 值，分析其对病毒传播的影响。根据基本再生数 R_0，可得 E-R 转移概率的阈值为 $b_{lim} = 0.062$。当 $b \geq b_{lim}$ 时，系统局部渐近稳定在无病毒平衡点 P^0 处；当 $b < b_{lim}$ 时，系统局部渐近稳定在感染源平衡点 P^1 处，图 4.24(a)～(d)分别表示 b 值为 0.18 和 0.02 时的仿真结果。当 $b = 0.18 > b_{lim}$ 时，系统在平衡点 $P^0(200, 0, 0, 0)$ 处局部渐近稳定，如图 4.24(a)所示，图 4.24(b)为状态 E、I 和 Q 的节点数变化放大曲线；当 $b = 0.02 < b_{lim}$ 时，系统在平衡点 $P^1(195, 5, 6, 3)$ 处局部渐近稳定，如图 4.24(c)所示，图 4.24(d)为状态 E、I 和 Q 的节点数变化放大曲线。

图 4.24(e)表示不同 b 下感染状态 I 的节点数随时间的变化曲线。其中，b 在区间 $[0.02, 0.18]$ 内取值，步长为 0.04。当 $b = 0.1，0.14，0.18 > b_{lim}$ 时，系统局部渐近稳定在无病毒平衡点 P^0 处；当 $b = 0.02，0.06 < \gamma_{lim}$ 时，系统局部渐近稳定在感染源平衡点 P^1 处。仿真结果与理论分析一致，随着 γ 的增大，感染状态 I 的节点数逐渐增多，表明病毒感染节点激活启动程度越强，病毒节点数量越多，网络病毒防御能力逐渐减弱，网络病毒传播速度逐渐下降。显然，通过合理调控 γ，可以实现对网络病毒传播的有效控制。

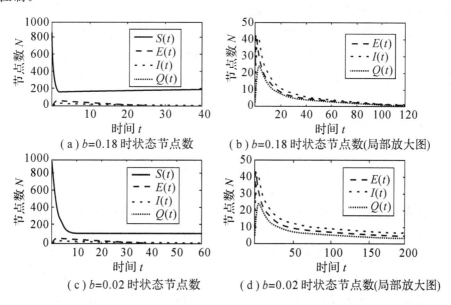

（a）$b=0.18$ 时状态节点数

（b）$b=0.18$ 时状态节点数(局部放大图)

（c）$b=0.02$ 时状态节点数

（d）$b=0.02$ 时状态节点数(局部放大图)

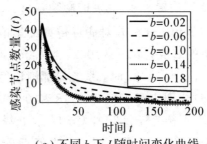

（e）不同 b 下 I 随时间变化曲线

图 4.24　E-R 转移概率仿真图

仿真结果表明：

（1）在网络安全防御中，通过改变潜伏状态（E）→易感状态（S）（E－S）的转移概率 θ、潜伏状态（E）→感染状态（I）（E－I）的转移概率 γ 和潜伏状态（E）→免疫状态（R）（E－R）的转移概率 b，可有效控制病毒信息扩散，减少网络病毒或受病毒攻击的节点，降低网络病毒攻击感染网络节点的概率。

（2）在网络行动起始阶段，网络病毒逐步入侵对手网络节点或链路，并隐蔽潜伏下来，网络病毒节点数逐渐增多，并在受激启动后攻击感染其他网络节点；防御方网络一旦检测到入侵病毒并开启针对性防御措施，入侵病毒将被消除，潜伏节点数迅速降低并趋于稳态。

（3）在网络行动起始阶段，如果网络安全防御尤其是侦察鉴别能力较弱，病毒感染节点迅速增加而隔离节点数相对较少；随着网络防御和病毒侦察鉴别能力的提升，隔离节点数在一段时间内将持续且相对缓慢增长，一旦完全掌握了病毒特征并采取针对性措施和免疫手段，隔离节点数目将在动态变化中趋向稳态。

本　章　小　结

本章借鉴病毒传播-免疫理论，将网络生态系统的要素动态演化过程，即网络病毒传播-免疫过程，划分为安全—感染—隔离—免疫—恢复等五个阶段。针对不同网络环境下网络生态系统节点所呈现的状态和特性不同，研究了"节点增减""潜伏-隔离""复杂潜伏转移模式"等情况下的网络生态系统要素动态演化模型。其中，针对复杂开放性的网络环境下的网络节点数目及其关系不稳定等特性，考虑网络节点的新增和移除，构建节点增减下的网络生态系统要素动态演化模型；针对网络行动隐蔽高效、高边疆和深度攻防等特点，在 SIRS 病毒传播模型基础上，引入潜伏状态和隔离状态，构建潜伏-隔离下的网络生态系统要素动态演化模型；考虑网络安全集体防御行动的动态实时、自主免疫和自愈修复等特点，处于潜伏状态的网络节点除了转化为带感染能力的节点外，还可能会因网络生态系统的动态实时和自愈修复等特性将受病毒感染而待激活的网络节点实时修复，建立复杂潜伏转移模式下的要素动态演化模型。运用理论证明和仿真分析等方法手段，分析相关因素对网络生态系统要素动态演化的影响，研究结果表明，通过合理调控网络生态系统的病毒扩散-免疫关系，可实现对网络生态系统的病毒扩散-免疫的有效控制。

　　网络生态系统的要素动态演化，是实施网络侦察、攻击和防御等网络行动的基础和保障，通过有效控制网络生态系统诸要素的相关影响因素，抵御网络病毒入侵，实施网络安全集体防御以减少网络节点、链路遭受攻击的概率，增强网络生态系统诸要素间的信息交互共享能力和网络生态系统的病毒免疫能力。科学的要素动态演化规则，通过合理调控网络生态系统信息扩散相关因素，实现对网络空间生态信息扩散免疫的优化控制，相应地提升网络空间生态应对网络威胁的集体防御能力和网络业务承载能力。

第5章　基于集体防御的行动同步与控制

对于网络生态系统而言，行动同步问题是规范网络生态系统遂行集体防御中系统或要素动态演化行动的基础。本章在传统网络/系统同步与控制理论基础上，针对网络安全及其防御行动的复杂性，构建网络生态系统的行动同步模型，分析网络生态系统行动同步的影响因素，研究同质网络和异质网络的行动同步问题建模、同步控制及其演化规则等问题，重点解决"系统或要素如何同步"的问题。

5.1　动态演化中的行动同步与控制问题

复杂系统的复杂性不仅包含部分要素自身的非线性，要素间的相互耦合关系也导致复杂性。不同于多要素耦合系统，复杂系统的耦合常常包含大量的要素，要素间的耦合关系也非常复杂，而且带有随机性。由于要素间信息传递，系统整体会呈现出协调性行为，即同步行为。在这种同步机制下，系统能够有条不紊地维持稳定状态。近年来研究表明，同步特征是复杂系统重要的特征之一，并有着广泛的应用。从复杂性科学视角看，复杂系统动态演化中表现出的适应性和层次涌现性，也建立在系统或要素行动同步和协同作用的基础上。在生态系统中，植物之间、动物之间以及植物和动物之间长期形成的组成协调性是生态系统结构整体性和维持系统稳定性的重要条件，破坏了这种协调关系，就可能使生态平衡受到严重破坏。在复杂网络中，同样存在大量的同步现象，网络中的每个个体都是一个动力学系统，诸多的动力学个体之间存在着某种特定的耦合关系。复杂网络同步研究的重要目的之一，就是在网络的动力学行为和耦合关系基础上，挖掘系统或要素同步对网络安全的影响，进而改善网络上的动力学行为和性能。

在网络安全领域，网络攻击手段逐渐趋于复杂化、多样化和规模化，在不确定网络安全环境中，网络节点之间需要彼此精密协作、跨网联动，实现网络行动同步,达到"1＋1＞2"的优化效果。对于网络生态系统而言,行动同步就是通过网络中各子网、行动单元等行为主体,围绕统一网络业务或目标实施网络安全集体防御的协作行动。网络行动同步和稳定性问题体现在网络安全集体防御的不同阶段,如对网络生态系统的运行环境、内部要素和潜在威胁的网络安全监视、诊断、隔离和恢复等,是组织协同网络生态系统诸要素在集体防御下遂行自动化、互操作和身份认证等网络行动的基础。随着网络安全形势的严峻化,网络安全和网络行动的复杂性和不确定性显著提升,网络行动同步及其稳定性的要求和难度进一步加大。对于网络生态系统而言,应重点解决好集体防御下的网络行动同步,从而有效提升网络安全防御的自动化、互操作基础和网络的整体生态性能。同步控制是通过有效调整相互耦合、外部驱动或相关同步参数,实现两个或两个以上系统的相关动态性质以达到具有相同性质的过程。运用同步控制理论研究网络同步问题,有利于实现对网络生态系统行动同步的优化设计和控制。

关于网络同步问题,相关研究主要集中在网络节点动力学行为分析、节点互耦合控制同步、自适应同步控制以及混合控制同步等方面。例如,吴望生等采用 Hindmarsh-Rose 神经元动力学模型,对二维点阵上的神经元网络的同步进行了研究,并提出了一般反馈耦合、分层反馈耦合和分层局域平均场反馈耦合三种方案。Feki 将一种基于驱动-响应思想的自适应混沌同步模型应用于网络安全通信,基于复杂网络自同步原理,研究了网络节点动力学和耦合强度给定不变情况下,网络拓扑结构对作战网络同步能力的影响。Chen Henghui 等在运用非线性反馈控制方法的同时,融入节点互耦合思想实现多个不同混沌系统的同步。Li Ping 等应用脉冲和反馈混合控制策略实现一类混沌系统的同步。Tang Yang 等根据节点同步误差解决了动态网络的自适应控制问题。复杂网络中节点耦合关系通常是具有权重的,Dai Cunli 等基于现有无权网络同步的概念,应用特征值比来衡量加权局域世界网络的同步能力,得到权重分布越均匀,网络的同步能力就越大的结论。针对网络结构状态的同步与反同步问题的自适应控制设计、网络动态拆分的多重边融合自适应同步建模、复杂动态网络的双重变时滞同步问题的同步算法、分布式网络结构的变量耦合同步问题的稳定性分析、不同网络结构的主动同步控制与自适应同步控制、网络结构和同步能力之间的关系等一系列关键问题,汪小帆等人通过研究非线性网络的动态复杂性,分析了非局域连接网络的部分同步模型、理论及应用;吕金虎通过研究动力学和控制论，从理论上分析了不同网络的同步方法与判别准则；蒋国平等人提出了信息网络系统中的控制问题，分析了复杂动态网络及其同步控制技术在信息网络系统控制中的应用；陈关荣等人分析了网络结构和同步能力之间的关系，提出了提高网络同步能力的方法；吕翎等人通过设计适当的控制输入，研究了结构与参量不确定的网络与网络之间的同步。在不同类型网络同步方面，强调时滞对同步的影响，如具有时滞关系的复杂网络自适应同步分析、双重时滞的动态网络同步算法设计及仿真、针对异质网络的参数未知耦合时滞的广义同步与仿真分析、非线性网络的主动控制与自适应控制同步及仿真、复杂动态网络的时滞同步及仿真、非线性耦合时滞网络的自适应同步。

随着网络攻防博弈策略和技术的快速发展，网络安全防御逐步走向自动化、立体深度和集体合作模式，网络安全和同步面临新的挑战：

（1）网络发生随机故障和遭受网络攻击等随机性和不确定性增强，为切实反映网络的随机性和不确定性，提高网络安全集体防御能力，需要在传统网络同步模型基础上增加随机性或不确定性因子，建立新的网络行动同步模型和同步（稳定性）判据。

（2）在不确定因素的影响下，集体防御下的网络行动同步如何实现最优控制，需要考虑网络节点或链路连接关系等网络参数的复杂多样性，根据参数信息差异，分析网络同步控制。

行动同步与控制是实现网络生态系统动态演化的关键环节之一。本章在传统同步模型基础上，结合网络安全集体防御及其防御行动的复杂不确定性，研究了基于集体防御的行动同步与控制的机理和规则。针对网络行动的复杂性和不确定性，建立了网络生态系统的行动同步模型；针对网络生态系统中同步参数的复杂多样性，分别研究同质网络和异质网络两种网络下的行动同步与控制问题。

5.2 网络/系统同步与控制基础理论

同步是自然界和人类社会中的一种常见现象，指两个或多个系统在外部驱动或者相互耦合作用下，调整它们的某个动态性质以达到具有相同性质的过程，如夏夜青蛙的齐鸣、心肌细胞和大脑神经网络的同步，以及同一横梁上摆钟在一段时间后会出现同步摆动的现象等。科学研究发现，这些大量的看似巧合的同步行为可以用数学给出理论解释与证明：假定一个系统中的所有成员的状态都是周期变化的，如发光到不发光，那么这种现象完全可以用数学语言来描述。其实，每个个体都是一个动力学系统，个体的行为可以以动力学方程形式进行定义与描述，如简单的振子运动可以用正余弦函数表示，复杂行为可用非线性动力系统方程描述。

混沌作为非线性动力系统中的特例，是确定性系统中出现的看似无规则、随机的复杂现象，它揭示了自然界及人类社会中普遍存在的复杂性。时至今日，科学上仍没有给混沌下一个完全统一的定义，而是在各领域中产生了各种意义下的混沌。尽管不同意义下的混沌定义从不同角度描述混沌行为，但其普遍的性质如下：

（1）对初值的敏感性；

（2）有界及系统整体稳定性；

（3）随机性。

Logistic 虫口模型就是一种简单的混沌系统，用来描绘昆虫的数量随时间的变化，函数形式为 $x_{n+1}=\alpha x_n(1-x_n)$。式中，$\alpha$ 为系统参数，$0<\alpha<4$。Logistic 虫口模型演化图如图 5.1 所示。

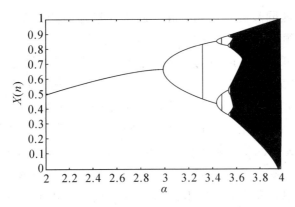

图 5.1　Logistic 虫口模型演化图

研究发现，虫子数量从有序到无序存在一个分水岭 $\alpha_\infty\approx3.57$，当 α 超过 α_∞ 时，虫子数量变得混乱，系统进入混沌状态。随着 α 的增加，系统状态由周期一个平衡点、周期两个平衡点，通过倍周期分岔向周期 2^n 逐渐演化，直至非周期混沌解。许多动力学系统都是通过这种倍周期分岔的方式进入混沌状态的。

美国气象学家 Lorenz 在研究大气时，通过对对流模型简化，只保留三

个变量，提出了一个完全确定性的三阶自治常微分方程组，其方程为

$$\begin{cases} \dot{x} = \sigma(y - x) \\ \dot{y} = \rho x - xz - y \\ \dot{z} = xy - \beta z \end{cases} \tag{5.1}$$

式中：σ 为 Prandtl 数；ρ 为 Rayleigh 数；β 为方向比。

三个参数的选择对系统会不会进入混沌状态起着重要的作用。当 $\sigma = 10$，$\rho = 28$，$\beta = 8/3$ 时，系统会在长时间演化后只在一个有限区域内运动。选取两个相差很小的初值（仅相差 0.00001），最终系统的状态截然不同。混沌系统是在结构确定的系统中产生了随机结果，最终的运动轨道对初始条件极端敏感。

现实中，系统通常是由具有复杂行为的个体，以及个体与个体之间特定的耦合关系组成的。研究发现，大量的复杂系统可以抽象为复杂网络的形式加以描述，因此，通过对复杂网络的同步研究，可以进一步解释自然界及人类社会中的一些同步现象，探索相应的控制方法。由于混沌运动对初值的敏感依赖性，长期以来，人们认为混沌同步是不能同步的。直到美国海军实验室 Pecora 和 Carroll 首次用驱动-响应同步的方法，并在电子线路上首次观察到混沌同步的现象后，混沌同步才迅速应用到生物学、化学、医学、电子学等领域。

根据网络同步的不同情况，可以给出四种不同同步的定义：完全同步、相位同步、滞后同步和广义同步。对于两个耦合的相同系统，随着时间演化，若两个系统的要素状态变量完全相等，则称为完全同步；相位同步即两要素状态变量相位锁定，振幅可以无关联；若两个系统只存在时间上的滞后关系，其他完全同步，则称为滞后同步；广义同步又称为映射同步，即一个系统所有要素状态映射与另一个系统要素状态保持一致。其中，完全同步是最强的一种同步方式，要求要素长时间演化后状态完全相同。广义同步为稍弱的一种，它是针对非同类系统而言的。非同类系统的系统要素演化轨道无法达到完全相同，但可以使两轨道演化之间形成某种泛函关系。

对于连续时间耗散耦合网络，整个动态网络的状态方程可以写为

$$\dot{\boldsymbol{X}}_i = \boldsymbol{F}(\boldsymbol{X}_i) + c \sum_{j=1}^{N} l_{ij} \boldsymbol{H}(\boldsymbol{X}_j) \tag{5.2}$$

式中：$\boldsymbol{X}_i$ 为网络节点的状态；$\boldsymbol{F}(\boldsymbol{X}_i)$ 为节点的动力学方程；c 为耦合强度；$\boldsymbol{H}$ 为内耦合矩阵；$\boldsymbol{L} = (l_{ij})_{N \times N}$，为外耦合矩阵。

如果有 $\lim\limits_{t\to\infty} \boldsymbol{X}_i(t) = s(t)$，则动态网络达到完全同步。这里 $s(t)$ 可以是孤立节点的平衡点、周期轨道，也可以是混沌轨道。

许多大规模复杂网络在弱耦合情况下依然能够具有很强的同步倾向性。网络同步可以是有益的，如保密通信、组织管理协调等；也可以是有害的，如通信网络中的信息拥塞、传输控制协议窗口的增加、周期路由信息的增加等。对于有益的通信，我们可以采取各种技术手段保持网络的同步性，常用的方法有驱动-响应同步、自适应同步、主动-被动分解同步、相互耦合同步及连续微扰反馈同步等；对于有害的同步，则需要设计相应的规则，根据两个系统要素状态误差，调整系统要素的演化。

5.3 基于集体防御的行动同步与控制模型

针对网络发生随机故障和遭受网络攻击等随机性和不确定性，引入不确定性因子，建立网络生态系统的行动同步模型。在此基础上，运用 Lyapunov 函数分析了网络行动同步的稳定性，提出了同步判据，重点分析了系统的边连接概率、网络规模、备用节点数和网络不确定性概率等对同步能力及稳定性的影响。

5.3.1 行动同步建模

随着网络环境日益复杂化，网络攻防博弈策略和技术快速发展，在传统网络同步基础上，需要考虑影响网络行动同步的一些新因素：

（1）网络发生随机故障和遭受网络攻击等事件的随机性和不确定性，在传统网络同步模型基础上应增加随机性或不确定性因子，建立集体防御下的网络行动同步模型和同步稳定性判据。

（2）基于集体防御的网络行动同步，具有区域化动态集体防御特性，为实现网络行动同步的深度优化，提高网络安全集体防御效率，需要根据安全防御区域区分为全局同步和局部同步。

（3）网络生态系统依托的是集体防御策略，网络安全取决于网络连接关系、规模等因素，为明晰诸因素对网络行动同步能力的影响，实现网络行动同步的有效控制，需要把握诸因素与同步的深层关系，考虑通过调整关联因素来优化集体防御下的网络行动同步及其稳定性。

1. 行动同步模型

结合网络动力学方法，网络生态系统诸要素满足网络动力学方程 $\dot{\boldsymbol{x}}_i(t) = \boldsymbol{F}[\boldsymbol{x}_i(t)]$，网络生态系统的要素数量总和为 N，共同构成连续时间耗散耦合动态网络。针对网络环境和遭受网络攻击的复杂不确定性，在传统网络同步模型基础上增加不确定性因子，可得集体防御下的网络行动同步模型：

$$\dot{\boldsymbol{x}}_i(t) = \boldsymbol{F}[\boldsymbol{x}_i(t)] + c\sum_{j=1}^{N} l_{ij}\boldsymbol{H}[\boldsymbol{x}_j(t)] + \boldsymbol{Z}[\boldsymbol{x}_i(t)], \ i = 1, 2, \cdots, N$$

(5.3)

网络生态系统的集体防御行动达到同步稳定状态，即当 $t \to \infty$ 时，节点状态集合 $\boldsymbol{x}_1(t) = \boldsymbol{x}_2(t) = \cdots = \boldsymbol{x}_N(t) = \boldsymbol{s}(t)$，满足 $\lim\limits_{t \to \infty}\boldsymbol{x}_i(t) = \boldsymbol{s}(t)$，式(5.3)中的耦合控制项消失，即 $\lim\limits_{t \to \infty} c\sum\limits_{j=1}^{N} l_{ij}\boldsymbol{H}[\boldsymbol{x}_j(t)] = 0$。其中，$\boldsymbol{x}_i(t) = [x_{i1}(t), x_{i2}(t), \cdots, x_{in}(t)]^{\mathrm{T}} \in \boldsymbol{R}^n$，为节点 i 的状态向量，对应网络要素 i 所处的行动轨迹状态；$\boldsymbol{F}: \boldsymbol{R}^n \to \boldsymbol{R}^n$ 为连续可微的函数；$\boldsymbol{F}[\boldsymbol{x}_i(t)]$ 为节点 i 所满足的网络动力学函数，对应网络要素 i 的运行轨迹；$\boldsymbol{s}(t) \in \boldsymbol{R}^n$，为单个孤立节点的解或达到同步状态的解，对应达到同步稳定状态时网络诸要素所处状态变量，表明在同步状态下开展集体防御的网络诸要素的结构、参数性能和运行轨迹趋于一致；常数 $c > 0$，为耦合强度，对应网络诸要素间的信息连通程度；$\boldsymbol{H}: \boldsymbol{R}^n \to \boldsymbol{R}^n$ 为连续可微的函数，为网络各节点状态变量之间的内耦合函数，$\boldsymbol{H}[\boldsymbol{x}_j(t)]$ 为网络诸要素间的信息输出关系矩阵；$\boldsymbol{Z}[\boldsymbol{x}_i(t)]$ 为网络要素 i 所对应的不确定性函数，对应网络发生随机故障和遭受网络攻击等不确定性；$\boldsymbol{L} = (l_{ij})_{N \times N} \in \boldsymbol{R}^{N \times N}$，为网络的拓扑结构(外耦合矩阵)，当所有节点状态均达到同步时，该耦合项自动消失，对应网络诸要素间的信息连接状态矩阵，若要素 i 与 j 之间具有信息连接关系，则 $l_{ij} = l_{ji} = 1$；反之，$l_{ij} = l_{ji} = 0 (i \neq j)$。为满足耦合约束条件，定义对角元为

$$l_{ii} = -\sum_{\substack{j=1 \\ i \neq j}}^{N} l_{ij} = -\sum_{\substack{j=1 \\ i \neq j}}^{N} l_{ji}, \ i = 1, 2, \cdots, N$$

(5.4)

2. 同步能力稳定性分析

运用主稳定性函数方法，对式(5.3)关于同步状态 $\boldsymbol{s}(t)$ 的线性化，令 ξ_i 为第 i 个节点状态的变分，可得变分方程：

$$\dot{\xi}_i = \boldsymbol{DF}(\boldsymbol{s})\xi_i + c\sum_{j=1}^{N} l_{ij}\boldsymbol{DH}(\boldsymbol{s})\xi_j + \boldsymbol{DZ}(\boldsymbol{s})\xi_i$$

(5.5)

式中：$DF(s)$、$DH(s)$和$DZ(s)$分别为$F(s)$、$H(s)$和$Z(s)$关于s的 Jacobi 矩阵。

令$\boldsymbol{\Gamma}=[\xi_1,\ \xi_2,\ \cdots,\ \xi_N]$，矩阵$\boldsymbol{L}$的若当分解为$\boldsymbol{L}=\boldsymbol{P\Lambda P}^{-1}$，其中$\boldsymbol{\Lambda}=$ $\mathrm{diag}(\lambda_1,\ \lambda_2,\ \cdots,\ \lambda_N)$。矩阵$\boldsymbol{L}$存在一个为 0 的一重特征值，其他 $N-1$ 个特征值均为负值，则式(5.5)可表示为

$$\boldsymbol{\Gamma}=DF(s)\boldsymbol{\Gamma}+cDH(s)\boldsymbol{\Gamma P\Lambda P}^{-1}+DZ(s)\boldsymbol{\Gamma} \qquad (5.6)$$

等式两边同时乘$\boldsymbol{P}$，令$\boldsymbol{\Xi}=\boldsymbol{\Gamma P}$，则式(5.6)可表示为

$$\dot{\boldsymbol{\Xi}}=[DF(s)+c\boldsymbol{\Lambda}DH(s)+DZ(s)]\boldsymbol{\Xi} \qquad (5.7)$$

应用 Lyapunov 指数法分析集体防御下的网络行动同步稳定性，其同步化区域$\mathbb{R}$与最大 Lyapunov 指数$\mu_{\max}$有关。如果信息连通度c与连接矩阵$\boldsymbol{L}$特征值的乘积在同步化区域$\mathbb{R}$内($c\lambda_k\in\mathbb{R}$)，则该区域为网络行动的同步区域。对于网络安全集体防御行动，随着$\mu_{\max}$与$c\lambda_k$大小取值的不同，其同步可能达到整个系统区域，也可能局限于某一局部区域。由以上推理，按照全局同步和局部同步两类情况，进一步分析集体防御下的网络行动同步，具体如下：

(1) 全局同步。网络生态诸要素信息连通覆盖整个网络，网络安全集体防御能够实现整个网络的同步，即全局同步。令其所对应的同步区域$\mathbb{R}=(-\infty,\ \varepsilon)$，其中$\varepsilon\in(-\infty,\ 0)$，如果满足方程$c\lambda_k\leqslant c\lambda_2<\varepsilon$，即$0<\varepsilon/\lambda_2<c$，则网络全局同步稳定。显然，$\lambda_2$值越小，网络全局同步能力越强，稳定性越强。

(2) 局部同步。网络生态诸要素信息连通覆盖网络部分区域，网络安全集体防御在相应区域实现同步，即局部同步。令对应的同步区域$\mathbb{R}=(\vartheta,\ \varepsilon)$，其中$-\infty<\vartheta<\varepsilon<0$，如果满足方程$c\lambda_2<\varepsilon$，$c\lambda_N>\vartheta$，即$\lambda_N/\lambda_2<\vartheta/\varepsilon$，则网络局部同步稳定。显然，$\lambda_N/\lambda_2$值越小，网络局部同步能力越强，稳定性越强。

3. 网络生态系统行动同步判据

根据以上分析，进一步研究集体防御下的网络行动同步的稳定性，并给出稳定性判据。

判据 5-1　令$\lambda_1=0$，$\lambda_1>\lambda_2\geqslant\lambda_3\geqslant\cdots\geqslant\lambda_N$为式(5.3)外耦合矩阵$\boldsymbol{L}$的特征值。设$\boldsymbol{P}$为$n\times n$阶对角阵，$\boldsymbol{E}_n$为$n\times n$阶单位阵，常数$\beta>0$。若对$\forall\lambda_k$ $(k=2,\ 3,\ \cdots,\ N)$存在$c\lambda_k\leqslant d$满足方程：

$$[DF(s)+dH+DZ(s)]^{\mathrm{T}}\boldsymbol{P}+\boldsymbol{P}[DF(s)+dH+DZ(s)]\leqslant-\beta\boldsymbol{E}_n \qquad (5.8)$$

则网络同步稳定。

证明　构造 Lyapunov 函数 $V_k = \Xi^T P \Xi$ $(k = 2, 3, \cdots, N)$，并对其求导可得

$$\dot{V}_k = \dot{\Xi}^T P \Xi + \Xi^T P \dot{\Xi} = \Xi^T \{[DF(s) + c\lambda_k H + DZ(s)]^T P$$
$$+ P[DF(s) + c\lambda_k H + DZ(s)]\}\Xi \tag{5.9}$$

将 $c\lambda_k \leqslant d$ 代入式(5.9)，由式(5.8)可得

$$\dot{V}_k \leqslant \Xi^T \{[DF(s) + dH + DZ(s)]^T P$$
$$+ P[DF(s) + dH + DZ(s)]\}\Xi \leqslant -\beta \Xi^T \Xi < 0 \tag{5.10}$$

根据 Lyapunov 稳定判据，可以得出网络同步稳定。证毕♯。

判据 5-2　假设网络由混沌节点组成，设式(5.3)孤立节点的最大 Lyapunov 指数为 μ_{max}，若信息输出函数 $H = E_n$，且满足 $|c\lambda_2| > \mu_{max}$，则网络同步稳定。

证明　将 $H = E_n$ 代入式(5.7)，得

$$\dot{\Xi} = [DF(s) + c\Lambda E_n + DZ(s)]\Xi, k = 2, 3, \cdots, N \tag{5.11}$$

对于 $\forall \lambda_i$，式(5.11)的横截 Lyapunov 指数满足 $\eta_b(\lambda_i) = \mu_b + c\lambda_i (b = 1, 2, \cdots, n)$。为使系统同步稳定，则满足 $\eta_b(\lambda_i) < 0$，即 $\mu_b + c\lambda_i \leqslant \mu_{max} + c\lambda_i < 0$，由矩阵 L 的特征值 $\lambda_1 = 0$，$\lambda_1 > \lambda_2 \geqslant \lambda_3 \geqslant \cdots \geqslant \lambda_N$，得 $\mu_{max} + c\lambda_2 < 0$，即 $-c\lambda_2 > \mu_{max}$，因此 $|c\lambda_2| > \mu_{max}$，网络同步稳定。证毕♯。

5.3.2　同步影响因素

结合网络安全集体防御和网络行动同步特点，分析网络安全集体防御行动过程，可以得出以下影响网络行动同步的主要因素：

（1）网络生态系统诸要素间的通信连接关系。这些关系通过影响网络的信息收发、处理和共享等，从而影响网络安全集体防御效能和同步能力。

（2）网络生态系统要素的数量，即网络规模。网络规模不仅影响网络信息的获取、共享效率，还影响网络遭受攻击的程度，进一步影响网络安全集体防御效能和同步能力。

（3）集体防御行动中网络生态系统诸要素的状态变更机制。网络生态系统备用要素在网络健康状态下处于断开通信连接状态，一旦网络遭受攻击损坏，将实时替换受损要素，并在原有通信连接基础上建立新的通信连

接关系，其在一定程度上影响抗网络攻击能力，从而影响网络安全集体防御效能和同步能力。

（4）网络行为的复杂性和不确定性。网络自身故障发生的随机性和遭受对手网络攻击的不确定性，将直接影响网络内部诸要素的信息获取、处理和交互能力，作用于集体防御效能和同步能力及其稳定性。

分析可知，网络行动同步主要取决于网络生态系统诸要素间的连接矩阵 $\boldsymbol{L}$，可通过分析矩阵 $\boldsymbol{L}$ 的特征值 λ_k 判定网络同步。结合式(5.3)中矩阵 $\boldsymbol{L}$ 的特征值与要素 i 与要素 j 的通信连接关系(l_{ij})，影响网络行动同步的因素可进一步表述为以下内容。

1. 增边连接概率

网络连边是指网络诸要素间的通信连接关系，增边连接概率 p 是指网络新增连边的数量与潜在可增连边的数量的比值，即

$$p = \frac{\sum\limits_{i=1}^{N}\sum\limits_{j=1}^{N}(l_{ij}^* - l_{ij})}{N^2 - N - \sum\limits_{i=1}^{N}\sum\limits_{j=1}^{N}l_{ij}}, \quad i \neq j \qquad (5.12)$$

式中：l_{ij}^* 和 l_{ij} 分别为增边前和增边后网络节点 i 和 j 之间的连接关系。

增边连接概率 p 影响式(5.12)中连边 l_{ij} 的取值，从而影响矩阵 $\boldsymbol{L}$ 的特征值 λ_k，即影响 λ_2 和 λ_N/λ_2 的值，相应地影响网络安全集体防御的行动同步能力。

2. 网络规模

网络规模是指网络构成要素的总和。在边连接概率不变的前提下，网络连边规模 N 增大，网络节点连接也会相应增多，即矩阵 $\boldsymbol{L}$ 中 $l_{ij}=l_{ji}=1$ 的数量增多；同理，网络连边规模 N 减小，网络节点连接也会相应减少，矩阵 $\boldsymbol{L}$ 中 $l_{ij}=l_{ji}=1$ 的数量减少。

记 p^* 为网络的边连接概率，则

$$p^* = \frac{\sum\limits_{i=1}^{N}\sum\limits_{j=1}^{N}l_{ij}}{N^2 - N}, \quad i \neq j \qquad (5.13)$$

显然，p^* 一定时，改变 N 也会改变 $\boldsymbol{L}$ 矩阵，从而改变 λ_2 和 λ_N/λ_2 的值，相应地影响网络安全集体防御的同步能力。

3. 备用节点数

备用节点数是指替换遭受攻击受损要素的网络备用要素的数量。网络生态系统备用要素在维持网络规模 N 动态稳定的同时，与网络其他要素建立新的通信连接关系，即矩阵 $\boldsymbol{L}$ 中 l_{ij} 的值发生变化。令 δ_{ij} 为网络备用要素加入后网络新增边连接，则由式(5.13)可得

$$p' = \frac{\sum\limits_{i=1}^{N}\sum\limits_{j=1}^{N} l_{ij}'}{N(N-1)}, \quad i \neq j \tag{5.14}$$

式中：p' 为网络备用要素加入后的边连接概率；通信连接 $l_{ij}' = l_{ij} + \delta_{ij}$。

由式(5.14)可知，网络备用要素通过改变 p' 从而改变 λ_2 和 λ_N/λ_2 的值，相应地影响网络安全集体防御的同步能力。

4. 不确定性概率

不确定性概率是指因网络故障或网络攻击导致网络受损要素的数量与网络构成要素总和的比值，即

$$f = \frac{n'}{N} \tag{5.15}$$

式中：f 为不确定性概率；n' 为因网络故障或网络攻击导致网络受损要素的数量。

将式(5.15)代入式(5.13)，可得

$$p'' = \frac{\sum\limits_{i=1}^{N-fN}\sum\limits_{j=1}^{N-fN} l_{ij}}{(N-fN)(N-fN-1)}, \quad i \neq j \tag{5.16}$$

式中：p'' 为网络不确定性概率发生后的边连接概率；$N-fN$ 为移除受损要素后网络构成要素。

由式(5.16)可知，移除网络受损要素使得矩阵 $\boldsymbol{L}$ 中相应移走 $(N-fN) \times (N-fN)$ 维的网络要素，相应的 λ_2 和 λ_N/λ_2 的值发生变化，进而影响网络安全集体防御的同步能力。

5.3.3 行动同步分析

仿真分析部分重点考虑网络行动的复杂性和不确定性对网络行动同步的影响，针对具有拓扑结构的连续时间耦合动态网络，对集体防御下的网络生态系统的全局同步、局部同步及其稳定性进行验证。根据网络生态系统的行动同步判据，分别从增边连接概率、网络规模、备用节点数和不确定

性概率等四个方面进行。其中，增边连接情况以随机概率设计，网络规模和备用节点数可人为灵活设置，这里网络节点设定小于 1000，不确定性概率在(0，0.1)之间选择。

1. 增边连接概率 p 对同步能力的影响

令增边连接概率 p 在区间(0,1)内取值，步长为 0.05。图 5.2 和图 5.3 分别给出了在网络规模 $N=100$ 和 $N=400$ 条件下，增边连接概率 p 对网络全局同步能力、局部同步能力及其稳定性的影响。由图 5.2 可知，当 $p=0$ 时，λ_2 趋近于 0，网络全局同步能力最低，网络不稳定；随着 p 逐渐增大，λ_2 值逐渐降低，最终趋近于 $-N$，网络全局同步能力逐渐增强，并逐渐

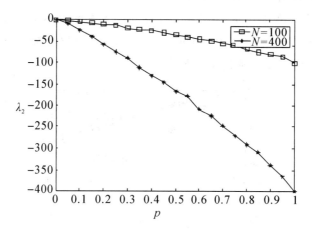

图 5.2　p 对全局同步能力及其稳定性的影响

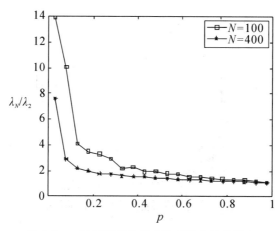

图 5.3　p 对局部同步能力及其稳定性的影响

趋于稳定。由图 5.3 可知，当 $p=0$ 时，λ_N/λ_2 值达到最大，网络全局同步能力最低，系统不稳定，随着 p 逐渐增大，λ_N/λ_2 值逐渐降低，最终稳定于某一特定值，网络局部同步能力逐渐增强，逐渐趋于稳定。

仿真结果表明，当网络生态系统诸要素间没有建立通信连接关系时（$p=0$），无法实现集体防御下的网络行动同步；当网络生态系统诸要素间通信连接逐渐增强时，即 p 逐渐增大，网络生态系统诸要素间的信息交互、资源共享程度逐渐增强，网络安全集体防御能力得到增强，相应的集体防御下的网络行动同步能力得到增强，并最终趋于稳定。

2. 网络规模 N 对同步能力的影响

令网络规模 N 在区间 $(10, 1000)$ 内取值，步长为 2。图 5.4 和图 5.5 分别给出了增边连接概率 $p=0.05$ 和 $p=0.1$ 条件下，网络规模 N 对网络全局同步能力、局部同步能力及其稳定性的影响。

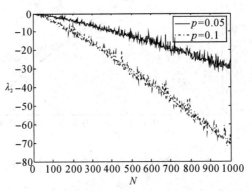

图 5.4　N 对全局同步能力及其稳定性的影响

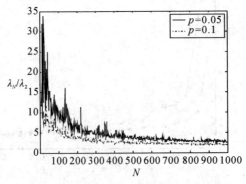

图 5.5　N 对局部同步能力及其稳定性的影响

由图 5.4 可知，当 $N{\rightarrow}0$ 时，λ_2 趋近于 0，无法实现集体防御下的网络行动同步；随着 N 不断扩大，λ_2 逐渐变小，网络全局同步能力逐渐增强，并逐渐趋于稳定。由图 5.5 可知，当 $N{\rightarrow}0$ 时，λ_N/λ_2 最大，网络局部同步能力最低，网络不稳定；随着 N 不断扩大，λ_N/λ_2 值逐渐变小，并最终趋于某一特定值，网络局部同步能力逐渐增强，并逐渐趋于稳定。

　　仿真结果表明，当网络生态系统的构成要素极少时（$N{\rightarrow}0$），很难构成结构完整、功能健全的网络，无法实现集体防御下的网络行动同步；当网络构成要素逐渐增多时，即 N 不断扩大，网络的结构、功能等特性得到完善，网络安全集体防御能力得到增强，相应的集体防御下的网络行动同步能力也得到增强，并最终趋于稳定。

3. 备用节点数 m 对同步能力的影响

　　令网络规模 N 在区间（10，500）内取值，步长为 10，备用节点数分别取 $m=5,10,15$。考虑网络生态系统的备用要素与网络规模的关系，综合网络规模和备用节点数两类因素对网络全局同步能力、局部同步能力及其稳定性的影响，如图 5.6 和图 5.7 所示。由图 5.6 可知，当 m 一定时，λ_2 随 N 的增加不断下降，网络全局同步能力逐渐增强；当网络规模达到一定时（如图 5.6 中 $N>100$），λ_2 只与 m 有关，网络全局同步稳定。当 N 一定时，λ_2 随 m 的增大而降低，网络全局同步能力逐渐增强，并逐渐趋于稳定。由图 5.7 可知，当 m 一定时，λ_N/λ_2 随 N 的增加而降低，网络局部同步能力逐渐增强；当网络规模达到一定时（如图 5.7 中 $N>300$），λ_2 只与 m 有关，网络局部同

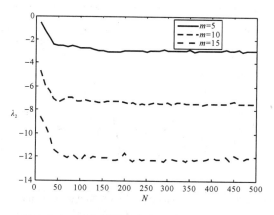

图 5.6　m 对全局同步能力及其稳定性的影响

步稳定。当 N 一定时，λ_N/λ_2 随 m 的增大而减小，网络局部同步能力逐渐增强，并逐渐趋于稳定。

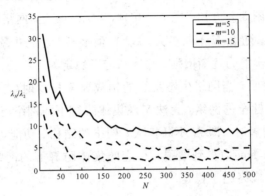

图 5.7 m 对局部同步能力及其稳定性的影响

仿真结果表明，当网络中不存在备用要素时($m=0$)，网络在遭受不确定攻击后无法得到修复，无法实现集体防御下的网络行动同步；当网络中备用要素逐渐增多时，即 m 逐渐增大，网络安全防护能力得到提高，网络安全集体防御能力得到增强，相应的集体防御下的行动同步能力得到增强，并最终趋于稳定。

4. 不确定性概率 f 对同步能力的影响

令不确定性概率 f 在区间$(0，0.1)$内取值，步长为 0.05。图 5.8 和图 5.9分别给出了在网络规模 $N=500$，备用节点数 $m=5$ 条件下，网络不确定性概率 f 对网络全局同步能力、局部同步能力及其稳定性的影响。

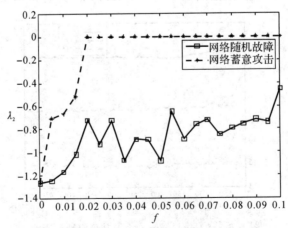

图 5.8 f 对全局同步能力及其稳定性的影响

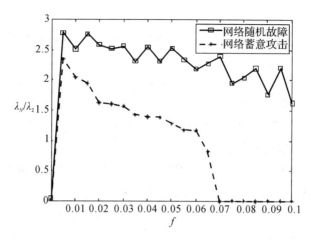

图 5.9　f 对局部同步能力及其稳定性的影响

由图 5.8 可知，当 $f=0$ 时，λ_2 最小，网络全局同步能力最强，网络稳定。随着 f 逐渐增大，处于网络随机故障下的 λ_2 值逐渐增大，涨幅较小，网络全局同步能力有所减弱但影响不大，网络相对稳定；处于网络蓄意攻击下的 λ_2 值逐渐增大，当 $f=0.02$ 时，处于网络蓄意攻击下的 λ_2 值为 0，并保持不变，无法实现网络全局同步，网络不稳定。由图 5.9 可知，当 $f=0$ 时，λ_N/λ_2 值（约为 0.0324）最小，网络局部同步能力最强，系统稳定。随着 f 逐渐增大，处于网络随机故障下的 λ_N/λ_2 值呈先增大后减小趋势，但减幅较小，稳定在 $\lambda_N/\lambda_2 \in (1.5, 2.5)$ 范围内；处于网络蓄意攻击下的 λ_N/λ_2 值同样先增大后减小，但减幅较大，当 $f=0.07$ 时，λ_N/λ_2 值骤减为 0，并保持不变，此时无法实现网络局部同步，网络不稳定。

仿真结果表明，当网络不受不确定性因素影响时（$f=0$），网络不发生随机故障或遭受蓄意攻击，网络空间安全防护能力达到最强，相应的集体防御下的网络行动同步能力最强，系统稳定。当网络不确定性概率增大时，即 f 逐渐增大，网络发生随机故障导致网络中连接度较小的要素被移除，对网络的连通性影响较小，网络安全集体防御能力基本保持不变，相应的集体防御下的网络行动同步能力基本保持不变，网络相对稳定；网络遭受蓄意攻击导致网络中连接度较大的要素被移除，网络的连通性降低，随着网络蓄意攻击的增多，当 f 增大到图 5.8 中 $f=0.02$ 和图 5.9 中 $f=0.07$ 时，最终会导致网络连通性彻底丧失，无法实现集体防御下的网络行动同步。

5.4 同质网络动态演化中的行动同步与控制

同质网络是指其网络生态系统诸要素性质和整体拓扑结构功能相同的网络,如作战体系中的指挥控制网络、态势感知网络和火力打击网络。同质网络动态演化中的行动同步与控制主要针对同类型网络的行动同步和控制,是研究网络生态系统行动同步的基础和关键环节。在网络生态系统的行动同步模型基础上,分析同质网络行动同步特点规律,构建网络生态系统的同质网络行动同步模型,并根据系统参数信息差异,分别研究同质网络的主控同步与控制、自适应同步与控制。在系统参数已知情况下,运用主动控制实现同质网络行动的同步控制;在系统参数未知情况下,根据Lyapunov稳定性理论,设计参数自适应率和自适应控制器,实现同质网络行动的自适应同步控制。

5.4.1 同质网络行动同步建模

假定式(5.3)为网络生态系统的同质网络行动同步模型,则其相应的动态网络模型为

$$\dot{\boldsymbol{x}}_i(t) = \boldsymbol{F}[\boldsymbol{x}_i(t)] + c\sum_{j=1}^{N} l_{ij}\boldsymbol{H}[\boldsymbol{x}_j(t)] + \boldsymbol{z}[\boldsymbol{x}_i(t)] + \boldsymbol{u}_i(t), 1 \leqslant i \leqslant N$$

(5.17)

式中:$\boldsymbol{u}_i(t) \in \boldsymbol{R}^N$,为控制输入。

当网络安全集体防御达到同步状态时,则满足$\lim_{t\to\infty}\boldsymbol{x}_i(t)=\boldsymbol{s}(t)$。此时,网络中不存在耦合控制项,即

$$c\sum_{j=1}^{N} l_{ij}\boldsymbol{H}[\boldsymbol{s}(t)] + \boldsymbol{u}_i(t) = 0$$

(5.18)

网络安全集体防御行动达到同步状态的动力学模型可表示为

$$\dot{\boldsymbol{s}}(t) = \boldsymbol{F}[\boldsymbol{s}(t)] + \boldsymbol{z}[\boldsymbol{s}(t)]$$

(5.19)

5.4.2 主动控制同步

将式(5.17)中节点i的动力学函数$\boldsymbol{F}[x_i(t)]$改写为$\boldsymbol{F}[\boldsymbol{x}_i(t)]=\boldsymbol{A}\boldsymbol{x}_i+\boldsymbol{f}[\boldsymbol{x}_i(t)]$,其中$\boldsymbol{A} \in \boldsymbol{R}^{N\times N}$,为常数矩阵,$\boldsymbol{f}[\boldsymbol{x}_i(t)]$为非线性函数,即式(5.17)可进一步表示为

$$\dot{\boldsymbol{x}_i}(t) = \boldsymbol{A}\boldsymbol{x}_i(t) + \boldsymbol{f}[\boldsymbol{x}_i(t)] + c\sum_{j=1}^{N} l_{ij}\boldsymbol{H}[\boldsymbol{x}_j(t)]$$
$$+ \boldsymbol{z}[\boldsymbol{x}_i(t)] + \boldsymbol{u}_i(t), 1 \leqslant i \leqslant N \tag{5.20}$$

则式(5.19)可表示为

$$\dot{\boldsymbol{s}}(t) = \boldsymbol{F}[\boldsymbol{s}(t)] = \boldsymbol{A}\boldsymbol{s}(t) + \boldsymbol{f}[\boldsymbol{s}(t)] + \boldsymbol{z}[\boldsymbol{s}(t)] \tag{5.21}$$

定义系统误差变量：

$$\boldsymbol{e}_i(t) = \boldsymbol{x}_i(t) - \boldsymbol{s}(t), 1 \leqslant i \leqslant N \tag{5.22}$$

为此，对于式(5.20)所描述的同质网络，如果存在控制器 $\boldsymbol{u}_i(t)$，使得式(5.20)在任意初始状态 $(\boldsymbol{x}_1(0), \boldsymbol{x}_2(0), \cdots, \boldsymbol{x}_N(0))$ 条件下，均满足：

$$\lim_{t\to\infty} \| \boldsymbol{e}_i(t) \| = \lim_{t\to\infty} \| \boldsymbol{x}_i(t) - \boldsymbol{s}(t) \| = 0, 1 \leqslant i \leqslant N \tag{5.23}$$

则动态网络趋于同步。

由式(5.20)式(5.21)得网络误差系统：

$$\dot{\boldsymbol{e}_i}(t) = \boldsymbol{A}\boldsymbol{x}_i(t) + \boldsymbol{f}[\boldsymbol{x}_i(t)] + c\sum_{j=1}^{N} l_{ij}\boldsymbol{H}[\boldsymbol{x}_j(t)] + \boldsymbol{z}[\boldsymbol{x}_i(t)]$$
$$- \boldsymbol{A}\boldsymbol{s} - \boldsymbol{f}(\boldsymbol{s}) - \boldsymbol{z}(\boldsymbol{s}) + \boldsymbol{u}_i(t)$$
$$= \boldsymbol{A}\boldsymbol{e}_i + \overline{\boldsymbol{f}}(\boldsymbol{x}, \boldsymbol{s}) + \overline{\boldsymbol{h}}(\boldsymbol{x}, \boldsymbol{s}) + \overline{\boldsymbol{z}}(\boldsymbol{x}, \boldsymbol{s}) + \boldsymbol{u}_i(t) \tag{5.24}$$

式中：$\overline{\boldsymbol{f}}(\boldsymbol{x},\boldsymbol{s}) = \boldsymbol{f}[\boldsymbol{x}_i(t)] - \boldsymbol{f}(\boldsymbol{s})$；$\overline{\boldsymbol{h}}(\boldsymbol{x},\boldsymbol{s}) = c\sum_{j=1}^{N} l_{ij}\boldsymbol{H}[\boldsymbol{x}_i(t)] - c\sum_{j=1}^{N} l_{ij}\boldsymbol{H}(\boldsymbol{s})$；$\overline{\boldsymbol{z}}(\boldsymbol{x},\boldsymbol{s}) = \boldsymbol{z}[\boldsymbol{x}_i(t)] - \boldsymbol{z}(\boldsymbol{s})$。

运用主动控制法实现同质网络的集体防御行动同步，通过设计式(5.20)中的控制器 $\boldsymbol{u}_i(t)$，使得式(5.24)渐近稳定于原点。结合式(5.24)，选取如下控制器：

$$\boldsymbol{u}_i(t) = \boldsymbol{V}_1 - \overline{\boldsymbol{f}}(\boldsymbol{x}, \boldsymbol{s}) - \overline{\boldsymbol{h}}(\boldsymbol{x}, \boldsymbol{s}) - \overline{\boldsymbol{z}}(\boldsymbol{x}, \boldsymbol{s}) \tag{5.25}$$

将式(5.25)代入式(5.24)中，可得方程：

$$\dot{\boldsymbol{e}_i}(t) = \boldsymbol{A}\boldsymbol{e}_i(t) + \boldsymbol{V}_1 \tag{5.26}$$

在此情况下，通过调整 $\boldsymbol{V}_1$，使得式(5.26)满足 Lyapunov 稳定条件，令：

$$\boldsymbol{V}_1 = \boldsymbol{M}\boldsymbol{e}_i(t) \tag{5.27}$$

将式(5.27)代入式(5.26)可得

$$\dot{\boldsymbol{e}_i}(t) = \boldsymbol{P}\boldsymbol{e}_i(t) \tag{5.28}$$

此时，选取式(5.27)中的矩阵 $\boldsymbol{M}$，使得矩阵 $\boldsymbol{P}$ 的特征值的实部均为负值，保证式(5.27)渐近稳定于原点，即可实现式(5.20)和式(5.21)的同步。

5.4.3 自适应控制同步

研究同质网络中集体防御的自适应控制同步问题,在式(5.3)(驱动系统)的基础上构造相应的网络参考模型(响应系统):

$$\dot{\hat{x}}_i(t) = A\hat{x}_i(t) + f[\hat{x}_i(t)] + c_1 \sum_{j=1}^{N} \hat{l}_{ij} H[\hat{x}_j(t)]$$

$$+ z[\hat{x}_i(t)] + u_i(t), \ 1 \leqslant i \leqslant N \tag{5.29}$$

式中:$\hat{x}_i(t) = [\hat{x}_{i1}(t), \hat{x}_{i2}(t), \cdots, \hat{x}_{in}(t)]^T \in \mathbf{R}^N$,为节点 i 所处参考状态变量;$\hat{l}_{ij}$ 为 l_{ij} 的参数估计。

为实现参考网络与原网络的同步,根据式(5.22)定义两个网络节点状态变量之间的误差:

$$e_i(t) = \hat{x}_i(t) - x_i(t), \ 1 \leqslant i \leqslant N \tag{5.30}$$

根据式(5.30)和式(5.3)可得网络误差系统:

$$\dot{e}_i(t) = A\hat{x}_i(t) + f[\hat{x}_i(t)] + c\sum_{j=1}^{N} \hat{l}_{ij} H[\hat{x}_j(t)] + z[\hat{x}_i(t)]$$

$$- Ax_i(t) - f[x_i(t)] - c\sum_{j=1}^{N} l_{ij} H[x_i(t)] - z[x_i(t)] + u_i(t)$$

$$\tag{5.31}$$

定理 5-1 若存在非负常数 α、β、μ,满足 $\| A \| \leqslant \alpha$,$\| f[\hat{x}_i(t)] - f[\hat{x}_i(t)] \| \leqslant \beta \| e_i(t) \|$,$\| z[\hat{x}_i(t)] - z[x_i(t)] \| \leqslant \mu \| e_i(t) \|$,则有如下参数自适应率和自适应控制器,使得参考网络与原网络同步。参数自适应率:

$$\dot{\hat{l}}_{ij} = -c e_i^T(t) H \hat{x}_j(t), \ 1 \leqslant i, j \leqslant N \tag{5.32}$$

自适应控制器:

$$u_i(t) = -d_i e_i(t), \ 1 \leqslant i \leqslant N \tag{5.33}$$

并且存在非负常数 k_i,满足:

$$\dot{d}_i = k_i e_i^T(t) e_i(t) = k_i \| e_i(t) \|^2, \ 1 \leqslant i \leqslant N \tag{5.34}$$

证明 构造 Lyapunov 函数,即

$$V = \frac{1}{2} \sum_{i=1}^{N} e_i^T(t) e_i(t) + \frac{1}{2} \sum_{i=1}^{N} \sum_{j=1}^{N} (\hat{l}_{ij} - l_{ij})$$

$$+ \frac{1}{2} \sum_{i=1}^{N} \frac{(d_i - \hat{d}_i)^2}{k_i}, \ 1 \leqslant i \leqslant N \tag{5.35}$$

式中：$\hat{d}_i$ 为待定非负常量。

对式(5.35)求导可得

$$\dot{\boldsymbol{V}} = \sum_{i=1}^{N} \boldsymbol{e}_i^{\mathrm{T}}(t)\dot{\boldsymbol{e}}_i(t) + \sum_{i=1}^{N}\sum_{j=1}^{N}(\hat{l}_{ij}-l_{ij})\dot{\hat{l}}_{ij} + \sum_{i=1}^{N}\frac{(d_i-\hat{d_i})}{k_i}\dot{d}_i$$

$$= \sum_{i=1}^{N}\boldsymbol{e}_i^{\mathrm{T}}(t)\{\boldsymbol{A}\boldsymbol{e}_i(t) + \boldsymbol{f}[\hat{\boldsymbol{x}}_i(t)] - \boldsymbol{f}[\boldsymbol{x}_i(t)]$$

$$+ c\sum_{j=1}^{N}(\hat{l}_{ij}-l_{ij})\boldsymbol{H}[\hat{\boldsymbol{x}}_j(t)]$$

$$+ c\sum_{j=1}^{N}l_{ij}\boldsymbol{H}[\boldsymbol{e}_i(t)] + \boldsymbol{z}[\hat{\boldsymbol{x}}_i(t)] - \boldsymbol{z}[\boldsymbol{x}_i(t)] + \boldsymbol{u}_i(t)\}$$

$$+ \sum_{i=1}^{N}\sum_{j=1}^{N}(\hat{l}_{ij}-l_{ij})[-c\boldsymbol{e}_i^{\mathrm{T}}(t)\boldsymbol{H}\hat{\boldsymbol{x}}_j(t)]$$

$$+ \sum_{i=1}^{N}(d_i-\hat{d}_i)\boldsymbol{e}_i^{\mathrm{T}}(t)\boldsymbol{e}_i(t)$$

$$\leqslant \sum_{i=1}^{N}\alpha\parallel\boldsymbol{e}_i(t)\parallel^2 + \sum_{i=1}^{N}\beta\parallel\boldsymbol{e}_i(t)\parallel^2 + \sum_{i=1}^{N}\mu\parallel\boldsymbol{e}_i(t)\parallel^2$$

$$+ c\sum_{i=1}^{N}\sum_{j=1}^{N}l_{ij}\boldsymbol{e}_i^{\mathrm{T}}(t)\boldsymbol{H}[\boldsymbol{e}_j(t)] - \hat{d}_i\parallel\boldsymbol{e}_i(t)\parallel^2$$

$$\leqslant \sum_{i=1}^{N}(\alpha+\beta+\mu-2\hat{d}_i)\parallel\boldsymbol{e}_i(t)\parallel^2 + c\sum_{i=1}^{N}\sum_{j=1}^{N}l_{ij}\boldsymbol{e}_i^{\mathrm{T}}(t)\boldsymbol{H}[\boldsymbol{e}_j(t)]$$

$$= \boldsymbol{e}^{\mathrm{T}}(t)[\mathrm{diag}\{\alpha+\beta+\mu-2\hat{d}_1,\ \alpha+\beta+\mu-2\hat{d}_2,\ \cdots,\ \alpha+\beta+\mu-2\hat{d}_N\}$$

$$+ c\boldsymbol{L}\otimes\boldsymbol{H}]\boldsymbol{e}(t) = \boldsymbol{e}(t)^{\mathrm{T}}\boldsymbol{P}\boldsymbol{e}(t) \tag{5.36}$$

式中：$\boldsymbol{e} = (\parallel\boldsymbol{e}_1\parallel,\ \parallel\boldsymbol{e}_2\parallel,\ \cdots,\ \parallel\boldsymbol{e}_N\parallel)^{\mathrm{T}}$。

通过选取合适的非负常量 $\hat{d}_i$，使 $\boldsymbol{P}$ 为负定矩阵，即当 $t\to\infty$ 时，误差变量 $\xi = (\boldsymbol{e}_1^{\mathrm{T}},\ \boldsymbol{e}_2^{\mathrm{T}},\ \cdots,\ \boldsymbol{e}_N^{\mathrm{T}})\to\boldsymbol{0}$，参考网络与原网络实现同步。证毕♯。

5.4.4　行动同步分析

网络行动同步问题可归结为混沌系统研究范畴。在混沌系统的研究中，最为经典且运用最为广泛的是 Lorenz 混沌系统。Lorenz 混沌系统有如下特性：

(1) 初值敏感性。系统初值条件的微小变动导致网络状态发生巨大差别，即通常所说的"蝴蝶效应"。

(2) 脆弱性。由于系统的初值敏感性，导致系统很容易受到外界的影响，进而影响系统整体效能。

（3）可控性。系统在初始阶段处于混乱、无序的混沌状态，但在后期可以人为地调节系统的相应参数进而实现系统的有序、同步。

Lorenz 混沌系统的诸多特性与网络安全集体防御行动的基本特性在一定程度上存在一定的相似性。因此，运用 Lorenz 系统研究网络安全集体防御同步具有一定的合理性。

考虑网络发生随机故障和遭受攻击的复杂不确定性，减小不确定因素对网络安全集体防御行动的影响，观察 Lorenz 系统方程结构，为实现对不确定因素的有效控制，考虑在系统的第一个方程施加含有状态变量 y 和 z 控制信息的可变系数乘积项，通过调节可变系数有效控制不确定因素对集体防御行动的影响，其动力学方程为

$$\begin{cases} \dot{x}_i = a(y_i - x_i) + hy_iz_i + c\sum_{j=1}^{N} l_{ij}x_j \\ \dot{y}_i = rx_i - x_iz_i - y_i + c\sum_{j=1}^{N} l_{ij}y_j \quad , 1 \leqslant i \leqslant 50 \\ \dot{z}_i = x_iy_i - bz_i + c\sum_{j=1}^{N} l_{ij}z_j \end{cases} \quad (5.37)$$

选取 $a=10$，$r=28$，$b=8/3$，初值为 $(x_0, y_0, z_0)=(1, 2, 1)$，节点总数 $N=50$，内耦合矩阵 H 为单位阵。为方便计算，选取耦合系数 $c=1$，$l_{ij}=0.1(i \neq j)$，则根据式(5.13)得 $l_{ii}=-4.9$。因此，其耦合矩阵 L 为

$$L = \begin{bmatrix} -4.9 & 0.1 & 0.1 & \cdots & 0.1 \\ 0.1 & -4.9 & 0.1 & \cdots & 0.1 \\ \vdots & \vdots & \vdots & & \vdots \\ 0.1 & 0.1 & \cdots & -4.9 & 0.1 \\ 0.1 & 0.1 & \cdots & 0.1 & -4.9 \end{bmatrix}_{50 \times 50} \quad (5.38)$$

通过观察系统的 Lyapunov 指数 λ 与可变系数 h 的演化关系，合理选取可变系数 h 值作为系统的参数，如图 5.10 所示。当 $\lambda_1 \approx 0$，λ_2，$\lambda_3 < 0$ 时，系统处于周期状态；当 $\lambda_1 \approx 0$，$\lambda_2 \approx 0$，$\lambda_3 < 0$ 时，系统处于二维拟周期状态；当 $\lambda_1 > 0$，$\lambda_2 \approx 0$，$\lambda_3 < 0$ 时，系统处于混沌状态。由图 5.10 可知，当 $h \in [0, 1.3] \cup [1.7, 2.3]$ 时，$\lambda_1 > 0$，$\lambda_2 \approx 0$，$\lambda_3 < 0$，表明系统在该区域内一直处于混沌状态。

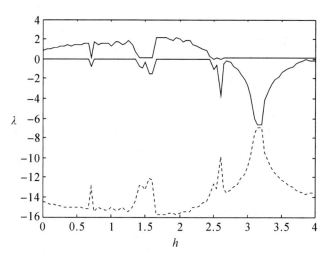

图 5.10 随 h 变化的 Lyapunov 指数谱

分别选取可变系数 $h=0$，$h=1$ 和 $h=2$ 三个值作为式(5.37)的参数，分析系统的同步误差随可变系数 h 的变化情况，从而有效分析网络发生随机故障或遭受攻击对网络安全集体防御行动同步的影响，如图 5.11～图 5.13所示。显然，系统同步误差 e_{i1}、e_{i2}、e_{i3} 均在很短的时间内收敛到 0，系统达到同步。在系统达到同步前，系统的同步误差范围随 h 逐渐增大而增大，其达到同步所需时间也越长。

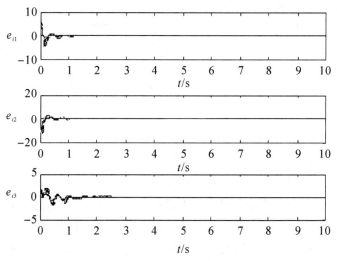

图 5.11 $h=0$ 时系统的同步误差

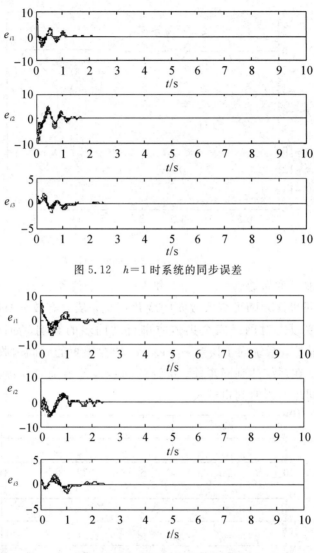

图 5.12 $h=1$ 时系统的同步误差

图 5.13 $h=2$ 时系统的同步误差

　　仿真结果表明，当网络不受不确定性因素影响时($h=0$)，网络不发生随机故障或遭受攻击，网络的同步能力最强；当网络受不确定性因素影响逐渐增大时(h逐渐增大)，网络发生随机故障或遭受攻击导致网络中相关节点或链路被移除，网络节点之间的连通性降低，随着发生随机故障或遭受攻击的增多，相应的集体防御下的网络行动同步能力减弱。因此，通过调整可变系数 h，能够有效控制和减小不确定因素对网络安全集体防御行动同步的影响。

5.5 异质网络动态演化中的行动同步与控制

与同质网络相反,异质网络是指其网络生态系统诸要素性质和整体拓扑结构功能不相同的网络。现实的应用网络通常是多类型或属性网络的混合叠加,属于异质网络范畴。对网络生态系统而言,异质网络的行动同步与控制孕育着不同类型网络之间的同步合作及其运行规律。针对不同拓扑结构和参量的两类情况,研究网络生态系统的异质网络行动同步及其自适应控制问题,构建网络生态系统的异质网络行动同步模型。在此基础上,根据网络参量信息的差异,运用 Lyapunov 稳定性理论,设计参数自适应率和自适应控制器,分别研究网络拓扑结构相同和不同两种情况下的自适应同步与控制。

5.5.1 异质网络行动同步建模

在现实网络连接中,网络结构和参数的未知或不确定是普遍存在的,网络结构具有多样性,网络节点间的连接关系导致网络节点状态方程中的相关量出现不确定或不稳定现象。针对网络行动和网络业务承载对同步的影响,在传统同步模型的基础上,增加不确定性因子,建立网络生态系统的异质网络驱动-响应同步模型。令式(5.3)为其驱动模型,其对应的响应模型为

$$\dot{\boldsymbol{y}}_i(t) = \boldsymbol{G}[\boldsymbol{y}_i(t)] + \sum_{j=1}^{N} d_{ij}\boldsymbol{\Gamma}\boldsymbol{y}_j(t) + \boldsymbol{z}[\boldsymbol{y}_i(t)] + \boldsymbol{u}_i(t), 1 \leqslant i \leqslant N$$

$$(5.39)$$

式中:$\boldsymbol{x}_i(t) = [x_{i1}(t), \cdots, x_{in}(t)]^{\mathrm{T}} \in \boldsymbol{R}^n$,$\boldsymbol{y}_i(t) = [y_{i1}(t), \cdots, y_{in}(t)]^{\mathrm{T}} \in \boldsymbol{R}^n$ 分别为驱动网络和响应网络中节点 i 所处状态变量;$\boldsymbol{F}[\boldsymbol{x}_i(t)] \in \boldsymbol{R}^n$,$\boldsymbol{G}[\boldsymbol{y}_i(t)] \in \boldsymbol{R}^n$ 分别为驱动网络和响应网络中节点 i 的动力学函数;$\boldsymbol{H} \in \boldsymbol{R}^{n \times n}$,$\boldsymbol{\Gamma} \in \boldsymbol{R}^{n \times n}$ 分别为驱动网络和响应网络的内耦合矩阵;$\boldsymbol{z}[\boldsymbol{x}_i(t)]$,$\boldsymbol{z}[\boldsymbol{y}_i(t)]$ 分别为驱动网络和响应网络中节点 i 对应的不确定性函数;$\boldsymbol{u}_i(t) = [u_1(t), u_2(t), \cdots, u_N(t)]^{\mathrm{T}}$ 为控制参量;$\boldsymbol{L} = (l_{ij})_{N \times N} \in \boldsymbol{R}^{N \times N}$,$\boldsymbol{D} = (d_{ij})_{N \times N} \in \boldsymbol{R}^{N \times N}$ 分别为驱动网络和响应网络的外耦合矩阵,满足耦合约束条件 $\sum_{j=1}^{N} l_{ij} = 0$,$\sum_{j=1}^{N} d_{ij} = 0$。若节点 i 与节点 j 有通信连接,则 $l_{ij} = l_{ji} > 0$,

$d_{ij} = d_{ji} > 0$；反之，$l_{ij} = l_{ji} = 0 (i \neq j)$，$d_{ij} = d_{ji} = 0 (i \neq j)$，相应的对角元为

$$l_{ii} = -\sum_{\substack{j=1 \\ i \neq j}}^{N} l_{ij} = -\sum_{\substack{j=1 \\ i \neq j}}^{N} l_{ji} \, ; \quad d_{ii} = -\sum_{\substack{j=1 \\ i \neq j}}^{N} d_{ij} = -\sum_{\substack{j=1 \\ i \neq j}}^{N} d_{ji} \quad (5.40)$$

考虑网络中的未知参量，将式(5.3)中的 $\boldsymbol{F}[\boldsymbol{x}_i(t)]$ 记为 $\boldsymbol{F}[\boldsymbol{x}_i(t)] = \boldsymbol{A}[\boldsymbol{x}_i(t)] \cdot \boldsymbol{\alpha} + \boldsymbol{f}[\boldsymbol{x}_i(t)]$。其中：$\boldsymbol{\alpha} = (\alpha_1, \alpha_2, \cdots, \alpha_h)^{\mathrm{T}}$ 为驱动网络参数向量，h 为未知参量的个数；$\hat{\boldsymbol{\alpha}} = (\hat{\alpha}_1, \hat{\alpha}_2, \cdots, \hat{\alpha}_h)^{\mathrm{T}}$ 为参数向量 $\boldsymbol{\alpha} = (\alpha_1, \alpha_2, \cdots, \alpha_h)^{\mathrm{T}}$ 的实时估计；$\boldsymbol{f}[\boldsymbol{x}_i(t)]$ 为不含网络参量的矩阵。记驱动网络与响应网络的同步误差为

$$\boldsymbol{e}_i(t) = \boldsymbol{y}_i(t) - \boldsymbol{x}_i(t), 1 \leqslant i \leqslant N \quad (5.41)$$

通过设计控制器 $\boldsymbol{u}_i(t)$，可使响应网络和驱动网络实现同步，满足：

$$\lim_{t \to \infty} \| \boldsymbol{e}_i(t) \| = \lim_{t \to \infty} \| \boldsymbol{y}_i(t) - \boldsymbol{x}_i(t) \| = 0, 1 \leqslant i \leqslant N \quad (5.42)$$

5.5.2 参量已知的自适应控制同步

在驱动网络参数已知的情况下，网络同步误差随时间的演化关系为

$$\dot{\boldsymbol{e}}_i(t) = \dot{\boldsymbol{y}}_i(t) - \dot{\boldsymbol{x}}_i(t)$$

$$= \boldsymbol{G}[\boldsymbol{y}_i(t)] - \boldsymbol{F}[\boldsymbol{x}_i(t)] + \sum_{j=1}^{N} d_{ij} \boldsymbol{\Gamma} \boldsymbol{y}_j(t)$$

$$- \sum_{j=1}^{N} l_{ij} \boldsymbol{H} \boldsymbol{x}_j(t) + \Delta \boldsymbol{z}[\boldsymbol{y}_i(t), \boldsymbol{x}_i(t)] + \boldsymbol{u}_i(t) \quad (5.43)$$

式中：$\Delta \boldsymbol{z}[\boldsymbol{y}_i(t), \boldsymbol{x}_i(t)] = \boldsymbol{z}[\boldsymbol{y}_i(t)] - \boldsymbol{z}[\boldsymbol{x}_i(t)]$。

考虑网络拓扑结构的异同，分别分析在参数已知条件下，网络内部和外部耦合矩阵异同的情况。

1. 内部和外部耦合矩阵结构不同

对于驱动网络和响应网络的内部和外部耦合矩阵均不相同的情况，其网络同步误差如式(5.43)所示。

定理 5-2 若驱动网络和响应网络的内部和外部耦合矩阵均不相同，则设计如下自适应控制器，使得驱动网络与响应网络实现同步。

$$\boldsymbol{u}_i(t) = \sum_{j=1}^{N} l_{ij} \boldsymbol{H}[\boldsymbol{x}_j(t)] - \sum_{j=1}^{N} d_{ij} \boldsymbol{\Gamma}[\boldsymbol{x}_j(t)] + \boldsymbol{F}[\boldsymbol{x}_i(t)]$$

$$- \boldsymbol{G}[\boldsymbol{y}_i(t)] - \Delta \boldsymbol{z}[\boldsymbol{y}_i(t), \boldsymbol{x}_i(t)] - d_i \boldsymbol{e}_i(t) \quad (5.44)$$

$$d_i = \| \boldsymbol{e}_i(t) \| = \boldsymbol{e}_i^{\mathrm{T}}(t) \boldsymbol{e}_i(t)$$

证明　构造 Lyapunov 函数：

$$\boldsymbol{V} = \frac{1}{2}\sum_{i=1}^{N} \boldsymbol{e}_i^{\mathrm{T}}(t)e_i(t) + \frac{1}{2}\sum_{i=1}^{N}(d_i - \hat{d}_i)^2, \quad 1 \leqslant i \leqslant N \qquad (5.45)$$

式中：$\hat{d}_i$ 为待定非负常量。

对式(5.45)求导可得

$$\begin{aligned}
\dot{\boldsymbol{V}} &= \sum_{i=1}^{N} \boldsymbol{e}_i^{\mathrm{T}}(t)\,\dot{\boldsymbol{e}}_i(t) + \sum_{i=1}^{N}(d_i - \hat{d}_i)\,\dot{d}_i \\
&= \sum_{i=1}^{N} \boldsymbol{e}_i^{\mathrm{T}}(t)\sum_{j=1}^{N} d_{ij}\boldsymbol{\Gamma}e_j(t) - \sum_{i=1}^{N}\hat{d}_i\boldsymbol{e}_i^{\mathrm{T}}(t)e_i(t) \\
&= \boldsymbol{e}^{\mathrm{T}}(t)\big[\mathrm{diag}\{-\hat{d}_1, \cdots, -\hat{d}_N\} + \boldsymbol{D}\otimes\boldsymbol{\Gamma}\big]e(t) \\
&\leqslant \boldsymbol{e}^{\mathrm{T}}(t)\big[\mathrm{diag}\{-\hat{d}_1 + \lambda_{\max}(\boldsymbol{D}\otimes\boldsymbol{\Gamma}), \cdots, -\hat{d}_N + \lambda_{\max}(\boldsymbol{D}\otimes\boldsymbol{\Gamma})\}\big]e(t) \\
&= \boldsymbol{e}^{\mathrm{T}}(t)\boldsymbol{P}e(t)
\end{aligned}$$

$$(5.46)$$

式中：$e(t) = (\|e_1\|, \|e_2\|, \cdots, \|e_N\|)^{\mathrm{T}}$；$\otimes$ 为矩阵的 Kronecker 积。

当 $\hat{d}_i$ 足够大时，使得矩阵 $\boldsymbol{P}$ 为负定，根据 Barbalat 引理可得：当 $t \rightarrow \infty$ 时，误差变量 $\xi = (e_1^{\mathrm{T}}, e_2^{\mathrm{T}}, \cdots, e_N^{\mathrm{T}}) \rightarrow \boldsymbol{0}$，即驱动网络与响应网络同步。证毕 ♯。

2. 内部和外部耦合矩阵结构相同

对于驱动网络和响应网络的内部和外部耦合矩阵均相同的情况，即表示为 $\sum_{j=1}^{N} l_{ij} = \sum_{j=1}^{N} d_{ij}$，$\boldsymbol{H} = \boldsymbol{\Gamma}$。因此，在式(5.41)的基础上可得网络同步误差：

$$\begin{aligned}
\dot{\boldsymbol{e}}_i(t) &= \dot{\boldsymbol{y}}_i(t) - \dot{\boldsymbol{x}}_i(t) \\
&= \boldsymbol{G}[\boldsymbol{y}_i(t)] - \boldsymbol{F}[\boldsymbol{x}_i(t)] + \sum_{j=1}^{N} l_{ij}\boldsymbol{H}e_j(t) \\
&\quad + \Delta\boldsymbol{z}[\boldsymbol{y}_i(t), \boldsymbol{x}_i(t)] + \boldsymbol{u}_i(t)
\end{aligned} \qquad (5.47)$$

定理 5-3　若驱动网络和响应网络的内部和外部耦合矩阵均相同，则设计如下自适应控制器，使得驱动网络与响应网络实现同步。

$$\boldsymbol{u}_i(t) = \boldsymbol{F}[\boldsymbol{x}_i(t)] - \boldsymbol{G}[\boldsymbol{y}_i(t)] - d_i e_i(t) - \Delta\boldsymbol{z}[\boldsymbol{y}_i(t), \boldsymbol{x}_i(t)]$$

$$\dot{d}_i = \|\boldsymbol{e}_i(t)\|^2 = \boldsymbol{e}_i^{\mathrm{T}}(t)e_i(t) \qquad (5.48)$$

证明　构造 Lyapunov 函数：

$$V = \frac{1}{2} \sum_{i=1}^{N} \boldsymbol{e}_i^{\mathrm{T}}(t) \boldsymbol{e}_i(t) + \frac{1}{2} \sum_{i=1}^{N} (d_i - \hat{d}_i)^2, \ 1 \leqslant i \leqslant N \qquad (5.49)$$

式中：$\hat{d}_i$ 为待定非负常量。

对式(5.49)求导可得

$$
\begin{aligned}
\dot{\boldsymbol{V}} &= \sum_{i=1}^{N} \boldsymbol{e}_i^{\mathrm{T}}(t) \dot{\boldsymbol{e}}_i(t) + \sum_{i=1}^{N} (d_i - \hat{d}_i) \dot{d}_i \\
&= \sum_{i=1}^{N} \boldsymbol{e}_i^{\mathrm{T}}(t) \sum_{j=1}^{N} l_{ij} \boldsymbol{H} \boldsymbol{e}_j(t) - \sum_{i=1}^{N} \hat{d}_i \boldsymbol{e}_i^{\mathrm{T}}(t) \boldsymbol{e}_i(t) \\
&= \boldsymbol{e}^{\mathrm{T}}(t) \big[\mathrm{diag}\{ -\hat{d}_1, \cdots, -\hat{d}_N \} + \boldsymbol{L} \otimes \boldsymbol{H} \big] \boldsymbol{e}(t) \\
&\leqslant \boldsymbol{e}^{\mathrm{T}}(t) \big[\mathrm{diag}\{ -\hat{d}_1 + \lambda_{\max}(\boldsymbol{L} \otimes \boldsymbol{H}), \cdots, -\hat{d}_N + \lambda_{\max}(\boldsymbol{L} \otimes \boldsymbol{H}) \} \big] \boldsymbol{e}(t) \\
&= \boldsymbol{e}^{\mathrm{T}}(t) \boldsymbol{P} \boldsymbol{e}(t)
\end{aligned}
$$

$$(5.50)$$

因此，选取合适的 $\hat{d}_i$ 值，使式(5.50)中的矩阵 $\boldsymbol{P}$ 负定。同理，驱动网络与响应网络同步。证毕♯。

5.5.3 参量未知的自适应控制同步

驱动网络参量未知情况下，动力学函数的参数未知，设 $\boldsymbol{\alpha} \in \boldsymbol{R}^p$ 为参数向量，p 为动力学方程中未知参数个数，则动力学函数 $\boldsymbol{F}[\boldsymbol{x}_i(t)]$ 可写为

$$\boldsymbol{F}[\boldsymbol{x}_i(t)] = \boldsymbol{A}[\boldsymbol{x}_i(t)] \boldsymbol{\alpha} + \boldsymbol{f}[\boldsymbol{x}_i(t)] \qquad (5.51)$$

相应的网络同步误差随时间的演化关系为

$$
\begin{aligned}
\dot{\boldsymbol{e}}_i(t) &= \dot{\boldsymbol{y}}_i(t) - \dot{\boldsymbol{x}}_i(t) \\
&= \boldsymbol{A}[\boldsymbol{x}_i(t)] \boldsymbol{\alpha} + \sum_{j=1}^{N} d_{ij} \boldsymbol{\Gamma}[\boldsymbol{y}_j(t)] \\
&\quad + \boldsymbol{G}[\boldsymbol{y}_i(t)] - \boldsymbol{f}[\boldsymbol{x}_i(t)] - \sum_{j=1}^{N} l_{ij} \boldsymbol{H}[\boldsymbol{x}_j(t)] \\
&\quad + \Delta \boldsymbol{z}[\boldsymbol{y}_i(t), \boldsymbol{x}_i(t)] + \boldsymbol{u}_i(t)
\end{aligned}
\qquad (5.52)
$$

式中：$\Delta \boldsymbol{z}[\boldsymbol{y}_i(t), \boldsymbol{x}_i(t)] = \boldsymbol{z}[\boldsymbol{y}_i(t)] - \boldsymbol{z}[\boldsymbol{x}_i(t)]$。

考虑网络拓扑结构的异同，分别分析在参数未知情况下，网络内部和外部耦合矩阵的异同情况。

1. 内部和外部耦合矩阵结构不同

对于驱动网络和响应网络的内部和外部耦合矩阵均不相同的情况，其

网络同步误差如式(5.52)所示。

定理 5 - 4　若驱动网络和响应网络的内部和外部耦合矩阵均不相同，则设计如下自适应控制器和参数自适应率，使得驱动网络与响应网络实现同步。

$$\boldsymbol{u}_i(t) = \sum_{j=1}^N l_{ij}\boldsymbol{H}[\boldsymbol{x}_j(t)] - \sum_{j=1}^N d_{ij}\boldsymbol{\Gamma}[\boldsymbol{x}_j(t)] + \boldsymbol{f}[\boldsymbol{x}_i(t)]$$
$$- \boldsymbol{G}[\boldsymbol{y}_i(t)] - \Delta\boldsymbol{z}[\boldsymbol{y}_i(t), \boldsymbol{x}_i(t)] - d_i\boldsymbol{e}_i(t)$$
$$\dot{\hat{\boldsymbol{\alpha}}}(t) = -\boldsymbol{A}^{\mathrm{T}}[\boldsymbol{x}_i(t)]\boldsymbol{e}_i(t)$$
$$\dot{d}_i = \|\boldsymbol{e}_i(t)\|^2 = \boldsymbol{e}_i^{\mathrm{T}}(t)\boldsymbol{e}_i(t)$$

(5.53)

证明　构造 Lyapunov 函数：

$$\boldsymbol{V} = \frac{1}{2}\sum_{i=1}^N \boldsymbol{e}_i^{\mathrm{T}}(t)\boldsymbol{e}_i(t) + \frac{1}{2}\sum_{i=1}^h \tilde{\boldsymbol{\alpha}}_i^{\mathrm{T}}(t) \cdot \tilde{\boldsymbol{\alpha}}_i(t) + \frac{1}{2}\sum_{i=1}^N (d_i - \hat{d}_i)^2, 1 \leqslant i \leqslant N$$

(5.54)

式中：$\hat{d}_i$ 为待定非负常量；$\tilde{\alpha}(t) = \hat{\alpha}(t) - \alpha$。

对式(5.54)求导可得

$$\dot{\boldsymbol{V}} = \sum_{i=1}^N \boldsymbol{e}_i^{\mathrm{T}}(t)\dot{\boldsymbol{e}}_i(t) + \tilde{\boldsymbol{\alpha}}^{\mathrm{T}}(t)\dot{\tilde{\boldsymbol{\alpha}}}(t) + \sum_{i=1}^N (d_i - \hat{d}_i)\dot{d}_i$$

$$= \sum_{i=1}^N \boldsymbol{e}_i^{\mathrm{T}}(t)\{\boldsymbol{A}[\boldsymbol{x}_i(t)]\boldsymbol{\alpha} + \sum_{j=1}^N d_{ij}\boldsymbol{\Gamma}\boldsymbol{e}_j(t)\} - \sum_{i=1}^N \hat{d}_i\boldsymbol{e}_i^{\mathrm{T}}(t)\boldsymbol{e}_i(t) + \tilde{\boldsymbol{\alpha}}^{\mathrm{T}}\dot{\tilde{\boldsymbol{\alpha}}}$$

$$\leqslant \sum_{i=1}^N \boldsymbol{e}_i^{\mathrm{T}}(t)[-\hat{d}_i\boldsymbol{e}_i(t) + \sum_{j=1}^N d_{ij}\boldsymbol{\Gamma}\boldsymbol{e}_j(t)]$$

$$= \boldsymbol{e}^{\mathrm{T}}(t)[\mathrm{diag}\{-\hat{d}_1, \cdots, -\hat{d}_N\} + \boldsymbol{D} \otimes \boldsymbol{\Gamma}]\boldsymbol{e}(t)$$

$$\leqslant \boldsymbol{e}^{\mathrm{T}}(t)[\mathrm{diag}\{-\hat{d}_1 + \lambda_{\max}(\boldsymbol{D} \otimes \boldsymbol{\Gamma}), \cdots, -\hat{d}_N + \lambda_{\max}(\boldsymbol{D} \otimes \boldsymbol{\Gamma})\}]\boldsymbol{e}(t)$$

$$= \boldsymbol{e}^{\mathrm{T}}(t)\boldsymbol{P}\boldsymbol{e}(t)$$

(5.55)

因此，调节 $\hat{d}_i$ 值使得矩阵 $\boldsymbol{P}$ 为负定。同理，驱动网络与响应网络同步。证毕♯。

2. 内部和外部耦合矩阵结构相同

对于驱动网络和响应网络的内部和外部耦合矩阵均相同的情况，即表

示为 $\sum\limits_{j=1}^{N} l_{ij} = \sum\limits_{j=1}^{N} d_{ij}$，$\boldsymbol{H} = \boldsymbol{\Gamma}$。因此，在式（5.52）的基础上可得网络同步误差：

$$\dot{\boldsymbol{e}}_i(t) = \dot{\boldsymbol{y}}_i(t) - \dot{\boldsymbol{x}}_i(t)$$

$$= \boldsymbol{A}[\boldsymbol{x}_i(t)]\boldsymbol{\alpha} + \sum_{j=1}^{N} l_{ij}\boldsymbol{H}\boldsymbol{e}_j(t) + \boldsymbol{G}[\boldsymbol{y}_i(t)]$$

$$- \boldsymbol{f}[\boldsymbol{x}_i(t)] + \Delta\boldsymbol{z}[\boldsymbol{y}_i(t), \boldsymbol{x}_i(t)] + \boldsymbol{u}_i(t) \quad (5.56)$$

定理 5-5 若驱动网络和响应网络的内部和外部耦合矩阵均相同，则有如下自适应控制器，使得驱动网络与响应网络实现同步。

$$\boldsymbol{u}_i(t) = \boldsymbol{f}[\boldsymbol{x}_i(t)] - \boldsymbol{G}[\boldsymbol{y}_i(t)] - \Delta\boldsymbol{z}[\boldsymbol{y}_i(t), \boldsymbol{x}_i(t)] - d_i\boldsymbol{e}_i(t)$$

$$\dot{\boldsymbol{\alpha}}(t) = -\boldsymbol{A}^{\mathrm{T}}[\boldsymbol{x}_i(t)]\boldsymbol{e}_i(t) \quad (5.57)$$

$$\dot{d}_i = \parallel \boldsymbol{e}_i(t) \parallel^2 = \boldsymbol{e}_i^{\mathrm{T}}(t)\boldsymbol{e}_i(t)$$

证明 构造 Lyapunov 函数：

$$\boldsymbol{V} = \frac{1}{2}\sum_{i=1}^{N} \boldsymbol{e}_i^{\mathrm{T}}(t)\boldsymbol{e}_i(t) + \frac{1}{2}\sum_{i=1}^{h} \tilde{\boldsymbol{\alpha}}_i^{\mathrm{T}}(t)\tilde{\boldsymbol{\alpha}}_i(t) + \frac{1}{2}\sum_{i=1}^{N} (d_i - \hat{d}_i)^2, \ 1 \leqslant i \leqslant N$$

$$(5.58)$$

式中：$\hat{d}_i$ 为待定非负常量。

对式（5.58）求导可得

$$\dot{\boldsymbol{V}} = \sum_{i=1}^{N} \boldsymbol{e}_i^{\mathrm{T}}(t)\,\dot{\boldsymbol{e}}_i(t) + \tilde{\boldsymbol{\alpha}}^{\mathrm{T}}(t) \cdot \dot{\tilde{\boldsymbol{\alpha}}}(t) + \sum_{i=1}^{N} (d_i - \hat{d}_i)\,\dot{d}_i$$

$$= \sum_{i=1}^{N} \boldsymbol{e}_i^{\mathrm{T}}(t)\{\boldsymbol{A}[\boldsymbol{x}_i(t)]\boldsymbol{\alpha} + \sum_{j=1}^{N} l_{ij}\boldsymbol{H}\boldsymbol{e}_j(t)\} - \sum_{i=1}^{N} \hat{d}_i\boldsymbol{e}_i^{\mathrm{T}}(t)\boldsymbol{e}_i(t) + \sum_{i=1}^{h} \tilde{\boldsymbol{\alpha}}_i^{\mathrm{T}}\dot{\tilde{\boldsymbol{\alpha}}}_i$$

$$\leqslant \sum_{i=1}^{N} \boldsymbol{e}_i^{\mathrm{T}}(t)[\sum_{j=1}^{N} l_{ij}\boldsymbol{H}\boldsymbol{e}_j(t) - \hat{d}_i\boldsymbol{e}_i(t)]$$

$$= \boldsymbol{e}^{\mathrm{T}}(t)[\mathrm{diag}\{-\hat{d}_1, \cdots, -\hat{d}_N\} + \boldsymbol{L} \otimes \boldsymbol{H}]\boldsymbol{e}(t)$$

$$\leqslant \boldsymbol{e}^{\mathrm{T}}(t)[\mathrm{diag}\{-\hat{d}_1 + \lambda_{\max}(\boldsymbol{L} \otimes \boldsymbol{H}), \cdots, -\hat{d}_N + \lambda_{\max}(\boldsymbol{L} \otimes \boldsymbol{H})\}]\boldsymbol{e}(t)$$

$$= \boldsymbol{e}^{\mathrm{T}}(t)\boldsymbol{P}\boldsymbol{e}(t)$$

$$(5.59)$$

因此，调节 $\hat{d}_i$ 值使得矩阵 $\boldsymbol{P}$ 为负定。同理，驱动网络与响应网络同步。证毕♯。

5.5.4　网络模型的动力学分析

取驱动网络的节点为 Lorenz 混沌系统，为实现对不确定性因素的有效调控，在变量反馈设计和参数选取上进行了反复试验和参考，得到在 Lorenz 混沌系统的第一个方程中施加含有状态变量 y 和 z 控制信息的乘积项最为合理，则新系统方程为

$$\begin{cases} \dot{x}_i = a(y_i - x_i) + y_i z_i \\ \dot{y}_i = b x_i - x_i z_i - y_i \quad, 1 \leqslant i \leqslant 50 \\ \dot{z}_i = x_i y_i - c z_i \end{cases} \tag{5.60}$$

式中：$a = 10$；$b = 28$；$c = 8/3$；$y_i z_i$ 为不确定性因子，其相轨迹如图 5.14 所示。

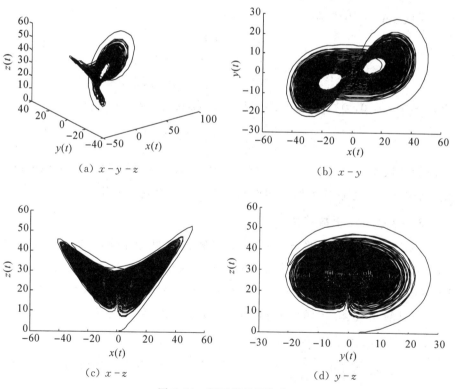

图 5.14　新系统的相轨迹

判断新系统是否为混沌系统，需满足如下三个条件：

（1）具有耗散性；

（2）不稳定维数至少为二维；

（3）Lyapunov 指数值至少有两个大于零。

1. 耗散性

式（5.60）满足如下等式：

$$\nabla V = \frac{\partial \dot{x}}{\partial x} + \frac{\partial \dot{y}}{\partial y} + \frac{\partial \dot{z}}{\partial z} = -a - 1 - c = -13.67 < 0 \qquad (5.61)$$

根据耗散性理论，可得新系统是耗散的。其指数衰减率为 $e^{-(a+1+c)}$，即随着时间的推移，新系统能量以 $V_0 e^{-(a+1+c)t}$ 的速率衰减；当 $t \to \infty$ 时，衰减到零。

2. 平衡点稳定性

令式（5.60）中的等式右边为 0，可得式（5.37）唯一平衡点 $S_0 = (0, 0, 0)$，系统 Jacobi 矩阵为

$$J = \begin{bmatrix} -10 & 10+z & y \\ 28-z & -1 & -x \\ y & x & -8/3 \end{bmatrix} \qquad (5.62)$$

代入 $S_0 = (0, 0, 0)$，令 $\det(J - \lambda I) = 0$，得特征方程

$$\left(\lambda + \frac{8}{3}\right)(\lambda^2 + 11\lambda - 270) = 0$$

对应特征根 $\lambda_1 = -8/3$，$\lambda_2 = -22.83$，$\lambda_3 = 11.83$。根据 Routh-Hurwitz 判据，平衡点 S_0 是系统不稳定的鞍点，系统在鞍点处不稳定。

3. Lyapunov 指数特性

Lyapunov 指数能够定量描述系统轨迹之间是否排斥或吸引，对式（5.60）进行仿真，得到新系统的 Lyapunov 指数谱，如图 5.15 所示。对应的 Lyapunov 指数值分别为：$Ly_1 = 1.3255$，$Ly_2 = 0.0034$，$Ly_3 = -14.9833$，由此可计算出式（5.60）的 Lyapunov 分形维数 d_L 为

$$d_L = j + \frac{\sum\limits_{i=1}^{j} Ly_i}{|Ly_{j+1}|} = 2 + \frac{1.3255 + 0.0034}{14.9833} = 2.0887 \qquad (5.63)$$

由式（5.63）可知，d_L 为二分数维。

因此，式（5.60）均满足以上三种条件，新系统存在混沌现象，即新系统属于混沌系统。

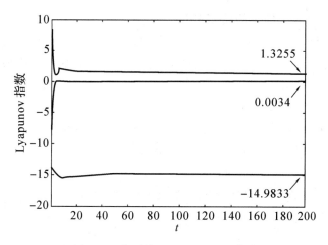

图 5.15　新系统的 Lyapunov 指数谱

5.5.5　行动同步分析

根据上述分析，取式(5.37)为驱动网络，节点动力学方程为

$$F(x_i) = \begin{bmatrix} a(x_{i2} - x_{i1}) \\ bx_{i1} - x_{i1}x_{i3} - x_{i2} \\ x_{i1}x_{i2} - cx_{i3} \end{bmatrix} = \begin{bmatrix} 0 \\ -x_{i1}x_{i3} - x_{i2} \\ x_{i1}x_{i2} \end{bmatrix}$$
$$+ \begin{bmatrix} x_{i2} - x_{i1} & 0 & 0 \\ 0 & x_{i1} & 0 \\ 0 & 0 & -x_{i3} \end{bmatrix} \times \begin{bmatrix} a \\ b \\ c \end{bmatrix} \tag{5.64}$$

式中：$a = 10$；$b = 28$；$c = 8/3$。

当参量 $\boldsymbol{\alpha} = (a, b, c)^{\mathrm{T}}$ 未知时，则可将动力学方程划分为有未知参量和无未知参量两个部分。

取响应系统的节点为 Chen 系统，节点动力学方程为

$$G(x_i) = \begin{bmatrix} \omega(x_{i2} - x_{i1}) \\ (\alpha - \omega)x_{i1} - x_{i1}x_{i3} + \alpha x_{i2} \\ x_{i1}x_{i2} - \gamma x_{i3} \end{bmatrix} \tag{5.65}$$

式中：$\omega = 35$；$\alpha = 28$；$\gamma = 3$。

系统处于混沌状态。

以下分别对参数已知和参数未知情况进行相应的仿真验证。

1. 参数已知条件下的仿真分析

假设驱动网络和响应网络各有 5 个节点，即 $N=5$。当网络内部和外部耦合结构不同时，选取驱动网络的内部和外部耦合矩阵，分别为

$$\boldsymbol{H} = \begin{bmatrix} 1 & 0 & 0 \\ 0 & 1 & 0 \\ 0 & 0 & 1 \end{bmatrix}, \quad \boldsymbol{L} = \begin{bmatrix} -3 & 1 & 0 & 0 & 2 \\ 2 & -5 & 0 & 2 & 1 \\ 0 & 1 & -3 & 1 & 1 \\ 0 & 3 & 1 & -5 & 1 \\ 1 & 1 & 0 & 1 & -3 \end{bmatrix} \qquad (5.66)$$

同理，取响应网络的内部和外部耦合矩阵，分别为

$$\boldsymbol{\Gamma} = \begin{bmatrix} 1 & 0 & 1 \\ 0 & 0 & 1 \\ 1 & 1 & 1 \end{bmatrix}, \boldsymbol{D} = \begin{bmatrix} -7 & 3 & 2 & 0 & 2 \\ 3 & -5 & 1 & 0 & 1 \\ 2 & 1 & -3 & 0 & 0 \\ 1 & 0 & 0 & -2 & 1 \\ 1 & 0 & 0 & 1 & -2 \end{bmatrix} \qquad (5.67)$$

当网络内部和外部耦合矩阵相同时，则令两个网络对应的内部和外部耦合矩阵分别为：$\boldsymbol{\Gamma}' = \boldsymbol{H}' = \boldsymbol{H}$，$\boldsymbol{L}' = \boldsymbol{D}' = \boldsymbol{L}$，驱动网络和响应网络节点的初始值均为 $(1,1,1)$，反馈控制参数 k_i 初始值为区间 $[0,1]$ 中的随机数，分别进行仿真分析。其中，图 5.16 表示在内部和外部耦合矩阵结构不同情况下，网络同步误差随时间的演化关系；图 5.17 表示在内部和外部耦合矩阵结构相同情况下，网络同步误差随时间的演化关系。

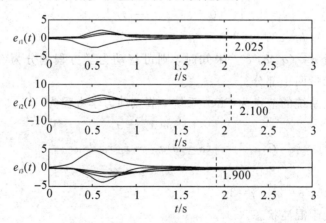

图 5.16　内部和外部耦合矩阵结构不同

通过对比图 5.16 和图 5.17，即参量已知，拓扑结构不同和相同两种情况

下的网络到达同步速率，可以看出，在参量已知条件下，拓扑结构相同的网络较拓扑结构未知的网络达到同步的速率快。如图 5.16 和图 5.17 所示，对应网络拓扑结构不同与相同两种情况，网络三个维数达到同步的时间分别为 $(2.025, 2.100, 1.900)$ 和 $(1.275, 1.000, 0.950)$，这种差异本质上体现了不同类型结构网络需要增加不同结构彼此学习和熟悉的代价。

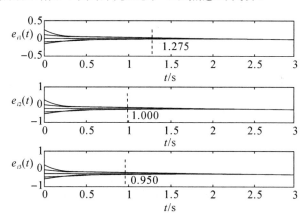

图 5.17　内部和外部耦合矩阵结构相同

2. 参数未知条件下的仿真分析

分析同上，其中，驱动网络未知参量 $\boldsymbol{\alpha} = (a, b, c)^{\mathrm{T}}$，初始值为区间 $[0, 50]$ 中的随机数，分别进行仿真分析。其中，图 5.18 表示在内部和外部耦合矩阵结构不同情况下，网络同步误差随时间的演化关系；图 5.19 表示在内部和外部耦合矩阵结构相同情况下，网络同步误差随时间的演化关系。

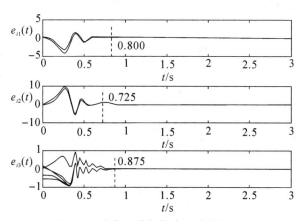

图 5.18　内部和外部耦合矩阵结构不同

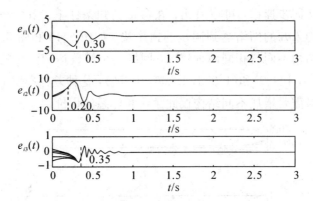

图5.19　内部和外部耦合矩阵结构相同

通过对比图5.18和图5.19，即参量未知，拓扑结构不同和相同两种情况下的网络到达同步速率，可以看出，拓扑结构相同的网络达到同步的速率要快的结论同样成立。如图5.18和图5.19所示，对应网络拓扑结构不同与相同两种情况，网络三个维数达到同步的时间分别为（0.800，0.725，0.875）和（0.30，0.20，0.35）。

通过对比图5.17和图5.19，即拓扑结构相同，已知网络参数和未知网络参数两种情况下的网络到达同步速率，可以看出，在拓扑结构相同条件下，参量未知的网络较参量已知的网络达到同步的速率快。如图5.17和图5.19所示，网络三个维数达到同步的时间分别为（1.275，1.000，0.950）和（0.30，0.20，0.35），这种差异和代价，本质上源于网络同步过程中对网络本身结构的学习和熟悉。通过对比图5.16和图5.18，即拓扑结构不同，已知网络参数和未知网络参数两种情况下的网络到达同步速率，可以看出，在拓扑结构不同条件下，参量未知的网络达到同步的速率要快的结论同样成立。如图5.16和图5.18所示，网络三个维数达到同步的时间分别为（2.025，2.100，1.900）和（0.800，0.725，0.875）。因此，可以通过合理调控网络参量和拓扑结构，有效提升网络同步性能。同时，还可以得出，对参量未知或网络拓扑结构异同情况，均可通过设计自适应控制率和自适应控制器实现网络同步，所提出的自适应控制设计有效。

本　章　小　结

本章从网络安全及其防御行动的复杂不确定性入手，分析网络生态系统的系统或要素集体行动机理，在传统网络同步模型基础上，针对网络发生随机故障和遭受网络攻击等随机性和不确定性特点，引入不确定性因子，建立了集体防御下的网络行动同步演化模型，并根据安全防御区域区分为全局同步和局部同步，同时分析了网络生态系统的行动同步的影响因素。在此基础上，研究网络生态系统的同质网络行动同步，构建了网络生态系统的同质网络行动同步模型，并根据系统参数信息差异，分别研究同质网络的主控同步与控制、自适应同步与控制。针对不同拓扑结构和参量的两类情况，研究网络生态系统的异质网络行动同步及其自适应控制，构建了网络生态系统的异质网络行动同步模型，设计参数自适应率和自适应控制器，分别研究网络拓扑结构相同和不同两种情况下的自适应同步与控制。研究结果表明，通过合理控制同步影响因素和设计同步控制器，能够实现对网络行动同步的优化控制，研究了"系统或要素如何同步"的问题。

网络生态系统的行动同步与控制，是实现网络生态系统或要素围绕统一目标或任务抵御不确定网络安全威胁的"倍增器"，通过网络生态系统或要素间网内行动和跨网联动的集体防御行动，增强网络生态系统或要素抵御不确定攻击的能力，达到"$1+1>2$"的优化效果。

第6章 网络生态系统动态演化性能评估理论

网络生态系统动态演化性能是在特定运维环境和背景下网络生态系统复杂机理综合能力的体现。网络生态系统动态演化是网络生态系统为适应环境、任务和目标等要素而进行的动态变化过程，相应的动态演化性能评估是对系统动态演化和运维效果的评估，也是对网络生态系统"生态"状态和健康性的动态评估，建立在对网络生态系统"生态"和健康性的认知基础上，具体包括健康性度量准则、度量指标体系和度量实施方法等一系列问题。本章主要是网络生态系统动态演化性能评估理论。

6.1 动态演化性能与健康性

6.1.1 生物体健康免疫

生物体在漫长的演化过程中，为了保证自身的健康形成了复杂的免疫系统及免疫机制，以对抗外界病毒、细菌等外物的侵害。免疫系统是一个复杂巨系统，为生物体提供了多层的防御支持，每层都能对生物体提供防护功能。免疫系统包括协同行动的分层防御规则和有效的对抗机制，以及各司其职、主动鉴别响应攻击的策略和自我学习迅速适应的能力。当外部病原体入侵时，免疫系统能够准确识别，并通过一致对外的整体行动迅速清理，以保证生物体健康，避免遭受伤害。

以人体免疫系统为例，它包括皮肤、入口和内部系统三大类。皮肤就像一个封装的物理屏障，通过触觉实现检测和预警。入口，如眼、口和鼻，就像一个过滤器，通过视觉、味觉和嗅觉实现检测和预警。内部系统相对复杂一些，一类是细胞媒介性的局部免疫系统，相对固定且作用效果限定于某一局部范围；另一类是体液类型的全身性系统。局部免疫系统自身具有免疫机制,同时受到血液、淋巴系统等全身性系统的支持。内部系统的免疫过程可视为一个小循环,如果将相对独立的局部免疫系统理解成守卫者,那么内部系统的防御还可进一步表述如下:

(1) 守护者各司其职,包含巡逻者、消灭者、清理工和辅助者;

(2) 人体自身的细胞具有所有守护者已知的标识;

(3) 守护者实时监测并抗击入侵的病毒、细菌等异物(包含不能提供有效已知标识的病原);

(4) 守护者防御病原穿越细胞膜;

(5) 辅助者发出警报并激活快速生产更多巡逻者和消灭者的功能;

(6) 辅助者将消灭者和清理工引导到检测位置;

(7) 巡逻者、消灭者和清理工同时遍布血液,寻找任何其他病原;

(8) 辅助者激活其他补充消灭机制(如发热);

(9) 消灭者促使入侵者和被感染细胞死亡,清理工负责吞噬;

(10) 巡逻者和消灭者对入侵者的标识学习产生记忆,防止未来的入侵。

生物体免疫系统这种并行分布处理、自组织、自学习、免疫记忆和鲁棒性的特点,受到众多学者的高度重视,对网络安全防御理念起了重要的借鉴作用。

6.1.2 网络生态系统健康性

健康性概念起源于医学领域,主要用于表征分析和研究人体和动植物的健康状况。世界卫生组织认为,"健康"不仅表示没有疾病或不虚弱,它还表示一种完全的生理上的、心理上的和社会关系上的良好状态。生态学领域健康性的概念最早由 Rapport 提出,他认为生态系统健康性是一个生态系统所具有的稳定性和可持续性,即在时间上具有维持其组织结构、自我协调和对胁迫的恢复能力等。在人体健康学领域,生态系统健康性是指人类与物理、生物和社会环境的平衡,是各种功能活动的和谐。在网络安全领域,对健康性的认知可归纳为以下三层:

一是系统内部各要素之间相互协同、相互依存及交互共享,形成一种稳定协调的网络环境;

二是形成的网络环境能够准确预测和防御不确定性的网络攻击,将攻击效果最小化；

三是自动化的集体行动是建立健康网络生态系统的有效措施。

在复杂的网络环境下，健康的网络生态系统是掌握主动权和行动优势的关键和前提。参考不同领域对健康性的认识，可以认为，网络生态系统的"健康性"是对"生态"属性和能力状态的系统阐述，如网络各构成单元、网络运维环境和信息网络之间相互协调、相互适应，维持网络生态系统的健康、高效和谐态势的能力状态，网络环境中维持和优化网络自身性能、预测和防御网络攻击的能力状态，适应复杂网络环境和任务需求对网络域内行动和跨域行动的任务支撑能力状态。

根据对网络生态系统的深层解析，从不同角度对网络生态系统健康性进行分析，其内涵包括：

（1）从系统自动化运维角度分析，网络生态系统的健康性是指网络生态系统能够通过采用局部或全局的自动化策略，使得网络生态系统在网络攻防行动中能维持自身和所支持的业务，同时持续维系和增强网络的免疫和防御能力。

（2）从系统诸元互操作角度分析，网络生态系统的健康性是指通过将网络参与者集成到一个综合全面的网络防御系统中，网络参与者能够精确协调地进行动态自主防御。同时，加快共享态势感知的呈现和感知信息的收发效率，提高系统信息交互共享能力。

（3）从系统接入和身份安全验证角度分析，网络生态系统的健康性是指通过提供适当的信任以保证网络用户的真实可信，防止身份窃取和欺骗以确保信息真实可信。同时，网络生态系统的健康性能够帮助网络信息共享用户准确判断信息提供者所提供信息内容的真实可信度。

6.1.3　网络生态系统健康性度量

在人体健康学领域，健康性度量指以人体心理、精神和情感等为衡量标准，对人体各个部分组成的完整性和效能发挥进行分析。在网络安全领域，健康性度量是以网络系统的硬件、软件及其系统中的数据受保护状况为衡量标准，达到不因偶然或恶意的原因而遭到破坏、更改、泄露，保证系统连续可靠正常地运行，保证网络服务不中断。在军事领域，健康性度量通常考虑以信息的完好性程度、可控可用程度、保密性程度和抗毁抗扰程度，适应环境变化和任务需求，实施系统结构、行为和输入/输出信息改造、监控和安全调节的水平等状态为衡量标准。

参考不同领域对健康性度量的理解，可以认为：网络生态系统健康性度量是对网络空间生态健康性的定性或定量测度，包括对网络生态系统自身性能和任务支撑能力状态的衡量，以及对系统维持自身结构完整、保证效能正常发挥、系统稳定运行、具有一定免疫和抗毁性能等基本属性的衡量。

构建科学合理的健康性度量准则，是网络生态系统健康性度量的核心内容之一，需要从度量准则与指标建立的基本原则出发，研究可类比体系健康性度量标准，提出网络生态系统健康性度量准则，在此基础上构建健康性度量指标体系。对网络生态系统健康性进行度量时，其度量对象是网络生态系统及其生态性能，包括网络生态系统结构、性能及其对网络业务的承载或任务支撑能力。网络生态系统健康性度量的目的是形成对网络生态系统健康性的诊断结论，为网络生态系统建设与运用提供科学的借鉴参考。网络生态系统健康性度量体系包括对网络生态系统健康性的针对性概念建模，制定度量准则与指标，设计度量方法和对网络生态系统健康性的仿真分析等。

6.2　动态演化性能评估准则

6.2.1　评估原则和参考依据

网络空间是陆、海、空、天之外的第五维空间，网络空间和网络安全是网络生态系统的重要依存背景，相应的健康性度量问题及对应的准则和指标必须能够系统准确地反映网络生态系统各要素的性能指标及其动态变化，同时把握网络空间和网络安全的基本特点和规律。

从网络生态系统的基本属性的角度看，网络生态系统健康性理念源于自然（或生物）生态。自然（或生物）的生态是指生命体之间、生命体与外界环境之间进行物质转换、能量交换及信息传递，并在一定时期内达到动态平衡的生态过程。自然（或生物）生态系统的健康性，主要从应对外来威胁的响应性程度、免疫性程度以及自愈性程度等方面进行度量。相应的网络生态系统健康性度量方式应符合自然和生物生态系统及其健康性度量的核心理念，并能够系统反映网络生态的响应性、免疫性和自愈性等相关特性。

从网络生态系统的结构特点和能力目标属性的角度看，网络生态系统诸要素之间存在相互联系、相互交融的关系，其核心能力既包括信息网络自身能力，也包括对行动对象和环境的体系支撑能力。自身能力即网络生态系统内部固有的连通性、抗毁性等能力；体系支撑能力即网络生态系统在外界软硬攻击毁伤和内部系统崩溃等情况下，对体系的态势感知、信息服务和精确打击等行动的业务支撑能力。网络生态系统健康性度量问题，依赖于网络生态系统的结构特性和功能，其准则和指标的建立应反映网络生态系统的结构特点和能力属性。

从网络生态系统实际应用的角度看，军事信息网络安全是网络生态系统重要的应用领域。联合作战网络中心化体系是信息网络在军事领域发展的必然趋势，具有立体防护、实时感知、指挥联动和高效运维等特点。科学的信息网络安全，倡导在"体系防御、主动防御"的前提下，以构建"全网预警、全域可信、全维防护、全程追溯"的安全防御体系为核心。网络生态系统健康性度量问题作用于一体化联合作战和信息网络安全，其准则和指标的建立必须强调网络生态系统各指标间的相互作用程度，突出联合作战网络中心化基本特点和信息网络安全的核心要求。

与网络生态系统健康性相关的领域，如人体健康性、C4ISR 系统、网络中心作战体系和信息网络安全体系等，建立了相对完善的健康性度量标准，形成了一定的研究成果，并被国内外业界认同。因此，对这些系统健康性度量体系的分析，可以作为网络生态系统健康性度量的参考依据，从而确保系统内部结构完整、运行平稳和信息传输准确高效。

首先，在人体健康学领域，世界卫生组织衡量人体健康性的标准主要包括身体健康、心理健康、心态乐观积极、身体协调性好、应变能力和抵抗力强等，不仅表现在生理上的结构完整性，还表现在心理上的主观能动性。结合人体结构分析，人体是一个具有相当完备的信息系统的个体，人体的各个器官、系统之间能够进行高效的信息采集、处理、存储、传递和控制，同时相互之间进行信息的交互反馈。人体的"信息系统"进行高度一体化的运作，在完成信息输入、处理和输出的过程中，人体的各个组成部分实现了"无缝"连接。

其次，对军事信息系统而言，其 C4ISR 系统是由软件、硬件、武器平台和作战人员组成的软件密集型系统。其健康性衡量标准主要如下：

（1）体系结构完整。将作战要素、系统要素、信息要素和关系要素进行合理搭配，构成一体化的作战体系，实现系统高效和谐运转，达到作战目的。

（2）系统即插即用。实现系统自动入网、快速共享和安全识别等，通过合理衡量系统的可信接入能力、双向感知能力和信息交互能力等，随时随地接入并融入体系。

（3）高效抗毁机制。主要对系统级的抗毁性、系统内的抗毁性和功能层面的抗毁性进行分析衡量，实现故障定位、容灾备份及状态检测，保障系统不间断工作，完成相互协作。

另外，"网络中心战"是新军事变革在军事理论和作战思想上的集中反映，是信息化时代联合作战的核心，其作战体系的健康性衡量标准主要如下：

（1）构成领域完整。网络中心战的作战力量通过物理域、信息域、认知域和社会域等四个领域之间的相互交织、层层叠加和有机配合，实现作战领域结构的完整统一。

（2）指挥速度敏捷。将指挥控制网、传感器网和火力打击网连接起来，提高指挥决策的效率，加快作战节奏，以夺取战场上的优势和主动权。

（3）管理层次扁平。将管理的部门、企业或个人从深、广、专、细等程度上进行发掘，通过采用扁平化的管理思想提高管理效率和信息传输速率。

（4）共享信息实时。实现信息传递的"无缝"连接和信息资源共享，夺取战场主动权。

最后，信息网络安全体系的健康性衡量标准主要如下：

（1）联合指挥防御。构建跨战区、跨部门、跨军兵种的安全防御指挥体制，实现构成要素快速反应、协调一致。

（2）多维态势感知。结合五维空间的信息收集，达成"早发现、早行动、早解决"的作战目的。

（3）全网安全管控。严格信息入网审计，实现网间受控互联和动态边界防御等安全保障。

（4）按需分配资源。网络信息交换以重要信息节点为中心，保证信息服务全程受控、按需获取。

（5）快速响应处置。在硬件方面，提高传感器灵敏度和处理器运行速度；在软件方面，优化算法，提升运算效率。

（6）全程可溯可踪。提供权威的网络身份认证标识，实现终端入网和信息下载上传的精确控制。

（7）容灾备份抗毁。构建完善的容灾备份系统，有利于形成动态自愈的抗毁免疫体系。

6.2.2　健康性度量准则

网络生态系统健康性的度量准则是通过对可类比体系健康性度量标准的系统分析，结合网络生态系统的内涵、外延和特征属性提出的，具体应考虑的因素包括：

（1）比较人体健康性。网络生态系统健康性度量准则的建立，应确保系统内部信息高效传输、深度识别和优化处理，在确保自身结构完整性的同时，维持系统健康稳定运行。

（2）比较 C4ISR 系统。网络生态系统健康性度量准则的建立，应确保系统结构完整、信息主体即插即用和高效抗毁抗扰性能，实现系统效能的充分发挥，构建良好的系统安全环境。

（3）比较网络中心作战体系。网络生态系统健康性度量准则的建立，应确保指挥决策方便快捷，实现战场信息实时共享，提高系统执行效率和联合作战的能力。

（4）比较信息网络安全体系。网络生态系统健康性度量准则的建立，应确保系统自动化与智能化相结合，实现战场态势感知，积极主动防御。

此外，网络生态系统健康性度量应建立在对网络生态及其健康性的系统认知基础上。网络空间依托传统的陆、海、空、天等物理空间存在，通过网络和计算系统进行通信、控制和信息动态共享，网络行动具有域内行动和跨域行动等多类行动样式。应从系统组成和功能入手，从多个层面分析网络生态系统健康性。网络生态系统健康性度量准则及其指标应能系统准确地反映网络生态系统各要素性能指标及其动态变化，把握网络空间和网络行动的特征规律。网络生态系统健康性不是简单的系统连接和共享问题，应充分考虑网络生态系统的"网络"属性，主体要素关系和生态环境的作用关系，网络生态系统对网络行动、传统物理空间行动的支撑能力等。例如，网络生态系统自动化、互操作和身份认证等基础架构所赋予的灵活响应、抗毁抗扰、鲁棒控制等属性；系统在面对复杂、不确定的战场环境时，完成多目标任务的应变能力。

借鉴美国国防部体系架构框架（Department of Defense Architectural Framework，DODAF）的体系结构设计理念，从系统结构、功能和任务支撑等层面建立度量准则。根据准则建立的基本依据，通过科学系统分析，网络生态系统健康性度量准则可划分为系统结构、系统功能和任务支撑能力三个维度，如图 6.1 所示。

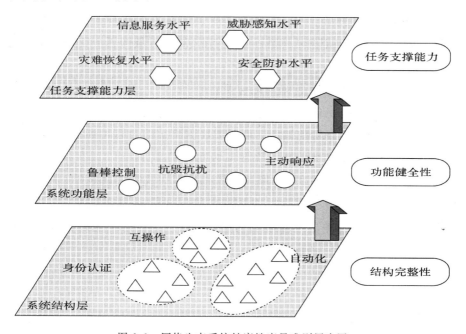

图 6.1　网络生态系统健康性度量准则层次图

网络生态系统健康性度量准则中的系统结构维度是从系统的组成考虑的，主要是指网络生态系统的构成完好情况，包括多项基础性指标，如自动化结构完备度、互操作结构完备度和身份认证结构完备度，为系统效能的有效发挥提供了基本物质保障；系统功能维度从系统的安全防御、恢复能力出发，提出免疫防护、抗毁抗扰、主动响应、鲁棒控制、自愈修复和闭环反馈等核心指标，是建立在结构上的系统运维能力的体现；任务支撑能力维度从系统的基本能力出发，按照对作战对象和环境的体系支撑能力，提出威胁感知水平、安全防护水平等指标，在结构与功能健全的基础上实现系统对网络行动和对作战体系的任务支撑。

6.2.3　系统结构层度量准则

系统结构准则指网络生态系统结构组成完整、层级联系紧密以及能级关系递进，是健康网络生态系统的物质基础和运行保障。分析网络生态系统的内涵和组成，可以认为，健康的网络生态系统应具有实现自动化的策略生成和安全防御，以及在设备间操作和信息共享上实现大范围实时同步的能力。其主要包括以下三种相互依赖的基础架构：自动化——保证对入侵和异常情况及时做出反应；互操作——保证系统具有基于准则的配置以实现共享信息；身份认证——保证系统可以感知信息能否受到信任，并被要求连接的请求。

系统结构层度量准则具体内涵包括：

（1）自动化结构完备度。稳定的局部防御自动化策略，并配备相应灵活的、整体多层级的全局防御措施，可以解决网络攻防过程中所遇到的问题，使网络生态系统能够正常运行，确保系统功能的实现。

（2）互操作结构完备度。采用互操作结构可以提高共享效果、开发新智能和提高信息传输效率，同时增加系统态势感知的能力。互操作结构在技术控制的基础上更加突出策略控制网络，使得网络生态系统的信息主体能够准确协调和动态地实现系统的自动防御。

（3）身份认证结构完备度。采用身份认证结构，实现减少身份窃取、欺骗的可能性，同时稳定成本，便于操作和控制。在网络生态系统中，认证将包括所有的信息主体。

6.2.4　系统功能层度量准则

系统功能指系统能够满足某种需求，完成预定任务的一种属性，由系统内部的要素构成和要素关系决定。系统功能层主要展示网络生态系统满足网络行动和跨域行动需求，完成行动任务的功能属性。例如，网络生态系统内部各信息主体各司其职，网络生态系统主体与环境之间相互协调，即使受到内部因素或外界环境的干扰，只要未超出平衡阈值门限，网络生态系统功能也能够得到有效发挥。

系统功能层度量准则具体内涵包括：

（1）免疫防护，表现为网络生态系统的自主防御和有效监管，主要是通过排除外来无用或内在非己"抗原"，实现相对稳定。

（2）抗毁抗扰，表现为网络生态系统抵御攻击或随机失效的能力，主要是通过加强对软硬件的全面优化设计，实现系统运行的安全稳定。

（3）主动响应，表现为网络生态系统对不确定网络攻击的预测和反应变化，并及时采取措施的能力，主要是通过提高系统的响应能力，实现对系统的全局优化控制。

（4）鲁棒控制，表现为应对和适应新环境的能力，主要是通过加强信息网络流动控制实现系统基本性能的安全稳定。

（5）自愈修复，表现为网络生态系统修复自身故障的能力，主要是通过提供资源保障能力，实现网络生态系统稳定高效运行。

（6）闭环反馈，表现为网络生态系统信息交互的双向流通，主要是通过提供完整的系统进程态势，增强系统的传输效率。

6.2.5 任务支撑能力层度量准则

任务支撑能力指在特定的作战环境下，通过作战体系中网络生态系统诸要素的协同工作，维持自身能力，预测和防御网络攻击，对作战进程和结果产生有利作用的程度。全域一体化作战要求遂行网络行动任务时具有比当前更强的任务支撑能力，而此能力会因现实环境中共享性、互操作性的缺乏及网络安全漏洞等因素受到影响和制约。网络生态系统能够通过自动化的集体行动增强互操作性和安全性，增强应对威胁和挑战的能力，有效提升系统的任务支撑能力。

网络行动和体系作战行动符合观测（Observe）—研判（Orient）—决策（Decide）—行动（Act）基本作战模式（OODA 决策环路），总结行动过程中面临的网络安全威胁及其所造成的不利后果，并结合系统效能和信息系统安全评估指标，梳理出网络生态系统对网络行动和体系作战支撑能力准则，具体如图 6.2 所示。

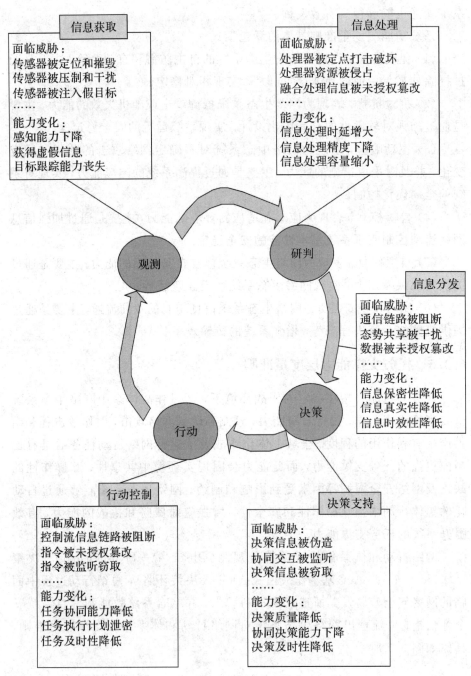

图 6.2　OODA 环路中网络行动面临的威胁

以网络行动中观测与研判过程中体现的态势感知能力为例，网络生态系统对其支撑能力体现在信息服务能力、威胁感知能力等方面。以此方法可对网络行动进行分析，获得任务支撑能力标准，具体包括：

　　（1）威胁感知水平，表现为在复杂网络环境下，实时获取并预测网络安全威胁信息的能力，主要是通过网络生态系统的流量监控、漏洞扫描等技术手段，对未知威胁进行有效识别。

　　（2）安全防护水平，表现为在复杂网络环境下，系统对敌攻击的实时防御能力，主要是通过网络安全技术、身份验证技术和访问控制技术，实时有效地抵御网络攻击。

　　（3）灾难恢复水平，表现为系统在遭受不确定攻击（或失效）后，系统结构发生变化、系统功能降效（或失效），对系统进行实时修复的能力，主要是通过网络空间生态自适应调整系统的物理和逻辑结构关系与要素构成，实现系统结构、性能、功能的灵活动态降级和升级。

　　（4）信息服务水平，表现为网络生态系统为网络行动及体系作战提供可用性、完整性、实时性和共享性信息服务的能力，主要通过系统语义、技术和策略相结合的互操作性，从根本上提升网络生态系统的信息质量和信息流转能力。

6.3　动态演化性能评估指标

　　网络生态系统健康性度量，应制定能够体现系统和科学特点的指标体系并使其量化，实现对网络生态系统全面、客观的认识，从根本上确保度量的科学性和有效性，有效防止因认识能力不同而产生的较大差异，克服单凭主观印象和主观经验而笼统下结论的弊端。研究构建的网络生态系统健康性度量指标体系，如附图 A 所示，包括系统结构层、功能层、任务支撑能力层。

6.3.1　系统结构层度量指标

　　系统结构完整是网络生态系统的物质基础，具体指标包括自动化结构完备度、互操作结构完备度、身份认证结构完备度 3 大类，11 项指标，其结构如图 6.3 所示。

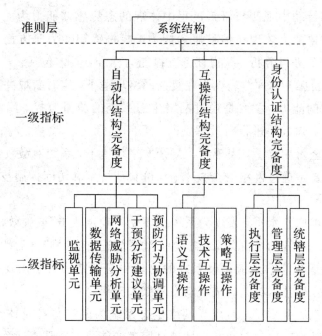

图 6.3　系统结构层度量指标

1. 自动化结构完备度

自动化结构能够有效提高系统的反应速度，完善系统决策，以及优化系统安全配置。健康的网络生态系统应使用稳定的局部防御自动化策略，并配备灵活、多层级的全局防御措施，使得防御系统以机器的速度应对不确定攻击，完善系统相关功能的实现，提高系统抗毁抗扰能力。自动化结构完备度包括以下指标：

（1）监视单元。实时收集、记录复杂战场环境下威胁网络安全及破坏网络健康运行秩序的相关信息、数据，提高网络抗毁性能。

（2）数据传输单元。为网络生态系统抵御网络"软、硬"攻击传输实时数据信息，并将监视单元收集的危险信息进行整理、汇总，为网络生态系统抵御威胁攻击制定预先防御方案。

（3）网络威胁分析单元。实时调查、诊断和分析网络生态系统的威胁数据、信息及网络漏洞，并确认网络中新兴威胁爆发的原因、影响范围及其危险程度，便于网络管理员及时采取针对性行动，提高威胁处理的效率。

（4）干预分析建议单元。研究网络生态系统预防网络威胁、攻击所制定的干预方案，优化、细化干预成本或效益，制定最低干预成本、最高干预效益的干预分析预案，并在此基础上提出有效的对策建议。

（5）预防行为协调单元。积极协调、应对及处理网络安全危险、攻击等突发情况，制定相应策略并予以准确实施，加强网络生态系统的安全防御、实时监控等协调防御策略。

2. 互操作结构完备度

互操作结构能有效提高合作效果，提高信息传输效率和增加态势感知能力。互操作结构包括三种结构的互操作：语义互操作、技术互操作和策略互操作，其目标是将网络生态系统中的信息主体整合到统一的网络防御系统中，以机器的速度制定和实施决策。互操作结构完备度具体包括以下指标：

（1）语义互操作。网络生态系统诸要素节点单元间的信息收发，主要依据节点单元发送方与接收方之间预先制定的信息标准进行。语义互操作性主要通过枚举实现，具体组成包括通用平台枚举、通用配置枚举、通用弱点披露、通用漏洞披露和通用攻击模式等，是实现网络行动安全所具备的基本列表。

（2）技术互操作。网络生态系统抵御网络威胁、修复网络漏洞所运用的相关技术，各技术之间应以明确的定义为基础，并具有大规模使用通信与信息交换能力。技术互操作性语言与格式涉及安全情况研判、性能效果评估、审计报告等多方面，具体组成包括安全公告、恶意软件、通用漏洞评估系统、可扩展配置清单说明格式和开放漏洞和评估语言等。

（3）策略互操作。网络生态系统诸要素节点单元之间进行数据传输、数据接收和数据发送的通用业务操作流程。策略互操作性建立在知识资源库基础上，知识资源库具体组成包括最佳实践方法、基准、配置、法规和指导方针、模板、清单及原则等。

3. 身份认证结构完备度

在健康的网络生态系统中，主体之间通过协同工作达成一致性的安全策略，不仅要求网络信息主体可信，还要求尽可能少地涉及隐私信息。采用身份认证机制，不仅能防止身份窃取和欺骗，还能稳定成本、便于操控。身份认证结构完备度具体包括以下指标：

（1）执行层完备度。执行层是根据网络身份认证的规则和流程指导认证行为，网络节点单元、社区及网络相关设备在网络身份认证过程中相互作用的层次。网络节点单元根据网络服务提供方提供的信任标志做出选择，并按系统制定的要求出示相应的凭证或属性，在验证身份后，达到获得授权的目的，且在此过程中用户的隐私受到保护。

（2）管理层完备度。管理层根据网络生态系统实施身份认证的具体原则对认证行为、方式进行管理。在管理层中，对网络用户与网络实体设备的数字身份凭证与真实身份进行验证，并将主体提供的真实身份凭证与数字身份凭证相关联，并为接受凭证的一方提供身份认证。

（3）统辖层完备度。统辖层根据网络生态系统的身份认证结构，在执行网络行动和实现网络任务过程中，对网络生态系统所需实现的具体网络功能制定相关规则和标准，并实时动态管理和控制网络信用标志。在网络身份认证统辖层中，互不关联的网络实体之间也可以实现信任对方的数字身份。

6.3.2　系统功能层度量指标

系统功能健全是网络生态系统协调稳定运行的保障，具体指标包括免疫防护、抗毁抗扰、主动响应、鲁棒控制、自愈修复、闭环反馈等 6 大类，14 项指标，其结构如图 6.4 所示。

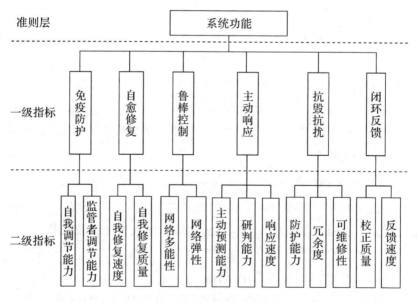

图 6.4　系统功能层度量指标

1. 免疫防护

免疫防护是指在网络生态系统中信息监管者识别与排除外来无用或内在非己"抗原"的能力,其目的是维持系统相对稳定。加强免疫系统的构建是维系系统稳定性的一个重要方面,其核心理念是自主防御和自主管理。免疫防护具体包括以下指标:

(1) 自我调节能力。自我调节能力是系统自身结构的属性,通过网络生态系统诸要素单元自身的稳定性进行自主调节。系统结构自身具有自主感知要素节点状态的能力,且在系统遭到破坏时,能够自动采用调整措施。

(2) 监管者调节能力。监管者调节能力是通过网络生态系统中网络信息监管者对系统全局进行宏观调控的能力,主要是通过人为增加新的网络节点或网络结构设施,在维持网络生态系统相关功能的前提下,使网络具有记忆存储功能属性,实现对下次相同外界侵扰时具有快速反应的能力。

2. 抗毁抗扰

抗毁抗扰是指在网络生态系统遭到蓄意攻击(或失效)时,为确保系统运行的安全稳定,对网络进行抗毁性优化以提高网络的服务性能。抗毁抗扰具体包括以下指标:

(1) 防护能力。防护能力包括对系统硬件(技术)和系统软件(技术)的防护能力。在硬件(技术)防护方面,网络硬件设备在执行网络任务过程中,具有网络运行稳定、网络性能良好、网络防御工事健全等特点;在软件(技术)防护方面,网络信息传输链路的抗干扰、保密传输、抗毁性等安全防御功能符合网络防护(技术)指标要求,且网络管理及安全检测制度严密。

(2) 冗余度。冗余度指信息传输链路带宽及节点设备满足任务需要,且具有冗余备份。在网络行动过程中,网络节点、链路之间应具有充足的冗余备份,防止因网络新节点加入或网络节点的断开等造成网络拥塞,有效提高网络的信息传输质量、效率和信息传输速度。

(3) 可维修性。可维修性指信息传输链路及节点设备在复杂战场环境中具有较强的适应性,且易于修复。网络各节点单元、设备等在遭受网络攻击或网络病毒感染受损情况下,应具有快速恢复、可维修等能力,有效防止因个别网络节点单元、设备受损导致整个网络崩溃等情况,提高网络的可利用性。

3. 主动响应

主动响应是指网络生态系统应对突发事件的反应能力，且处理突发变化所耗费的时间必须满足作战任务的要求。主动响应具体包括以下指标：

（1）主动预测能力。主动预测指根据对事件的预测采取相应的措施，包括提高警惕、加强防御准备或预先采取行动，网络节点单元在抵御网络攻击、完成网络任务的同时，能够预测下一步网络威胁发生的可能性和网络威胁爆发的范围，预先制定防御措施，提高系统抵御网络威胁的能力，提高抗毁性能。

（2）研判能力。从主动探明情况变化到确定采取响应举措的过程体现系统的研判能力。这种研判可能是自动式的条件反射，也可能需要大量的信息处理、决策与分析。网络生态系统要求网络节点单元、设备主动感知并适应复杂网络信息环境，实时感知可能出现的网络攻击及威胁，其与主动预测能力的区别在于研判能力是基于网络大数据进行信息处理、分析与决策的能力。

（3）响应速度。响应速度是指系统在作战过程中接受突发信息并做出反应所耗费的时间。响应性强调时间的重要性，系统对突发变化做出反应的时间必须满足作战任务目标的要求，网络节点单元发现、传输危险信息的实时性，主动响应网络威胁，提高网络应急处理速度及网络效率。

4. 鲁棒控制

鲁棒控制是指网络生态系统的某些节点、路径、目标、任务在不确定、发生改变或失效的情况下，控制系统使系统性能达到预定水平的能力，反映了系统结构在复杂战场环境中的适应变化能力。鲁棒性为网络生态系统提供了可靠、稳定的支撑。Alberts 在《权利的边缘》一书中将网络弹性指标从鲁棒性中分离出来，在《敏捷性优势》中使用"多能性"一词代替鲁棒性，表示成功履行发生变化的任务与使命的能力。需要指出的是，这里所指的系统鲁棒控制所面对的情况变化，还包括任务目标变化的情况和遭受破坏、降级的情况。鲁棒控制具体包括以下指标：

（1）网络多能性。网络多能性是指网络生态系统的使命任务发生变化时，系统维持性能的能力。在复杂网络环境下，系统担负的使命任务常常发生变化，预定目标往往不是实际要达到的最终目标，这就需要网络具有多能性，在网络行动过程中不仅要求网络生态系统具有预警探测、侦察监视、探视感知等能力，还要求网络生态系统具有攻击防御、自愈修复等能力。

（2）网络弹性。网络弹性是指网络因内部或外部原因使网络造成损坏时，能够在一定时间内修复、重构系统的能力。超额容量、容错设计和冗余储备等措施是提高网络弹性的有效手段，网络节点单元在遭受不确定网络攻击情况下，这些手段有利于提高网络的自愈修复能力，增强网络的抗毁抗扰能力。

5. 自愈修复

自愈修复表现为网络生态系统修复自身故障的能力，主要是通过资源保障等手段，实现网络生态系统的稳定高效运行。由于网络生态系统运行于复杂网络环境中，容易受多因素影响，出现故障后很难修复，且体系极其复杂，不易发现其损坏根源。网络生态系统主要依靠系统的自愈恢复能力修复故障，才能维持其长期稳定运行。自愈修复具体包括以下指标：

（1）自我修复速度。自我修复速度指发生故障时系统自身修复至初始状态或可完成任务状态这一过程所花费的时间，是以时间为参数衡量自愈修复的能力，在网络受损后能够实时、迅速地进行漏洞修复，实现网络快速自愈并进行下一步网络攻防行动。

（2）自我修复质量。自我修复质量指系统进行自愈修复所达到的效果。自愈修复最终目的是顺利完成使命任务，达到恢复初始状态或以降效状态完成任务的效果，在受到网络攻击或网络病毒破坏时，网络生态系统能够实现自我修复和部分修复。

6. 闭环反馈

闭环反馈表现为网络生态系统信息交互的双向流通，主要是通过提供完整的系统进程态势，实现系统的传输正确率及其增强应对信息变化的能力。网络生态系统的闭环反馈为系统提供了相对完整的进程态势，能对前期运行状况进行合理评判，为系统校正提供重点方向和管控环节。闭环反馈具体包括以下指标：

（1）校正质量。系统根据控制信息的输出，结合反馈信息进行校正的运行模式，对输入的信息量和输入信息的层次进行改进。校正质量表征此改进方式对提高系统传输处理和应对信息变化能力的有效性与合理性。

（2）反馈速度。反馈速度指系统控制信息的输出，结合反馈信息进行校正的运行模式,并对输入的信息量和信息层次进行改进所耗费的时间。

6.3.3 任务支撑能力层度量指标

任务支撑能力是指在复杂网络环境中,系统对网络业务活动和任务的支撑能力,是系统各要素跨域作用能力的表征。其具体指标包括威胁感知水平、安全防护水平、灾难恢复水平、信息服务水平等 4 大类,13 项指标,其结构如图 6.5 所示。

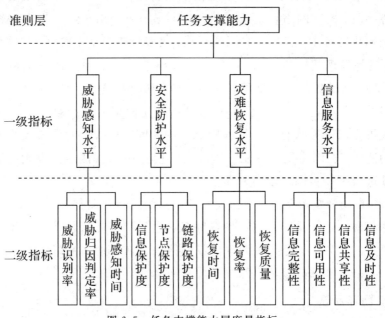

图 6.5 任务支撑能力层度量指标

1. 威胁感知水平

威胁感知水平是指在复杂网络条件下,网络生态系统综合利用流量监控、漏洞扫描等技术手段,把握网络变化并及时获取或预测威胁信息的能力。对未知威胁的有效识别是态势感知任务的核心部分,网络生态系统通过标准化策略,以多样化机制将信息进行合理分析、归类和分发,为所有级别的策略提供可靠、完整的态势情报支持。威胁感知水平具体包括以下指标:

(1)威胁识别率。威胁识别率指系统获取并正确识别威胁的成功概率,即正确识别到的威胁数占遭受到的威胁总数的比例，网络生态系统所面临的网络安全威胁"无处不在"，同时也存在大量虚假的威胁信息，有效甄别、处理威胁信息，提高识别威胁信息的概率，能够增强网络效能和信息传输效率。

（2）威胁归因判定率。威胁归因判定率指成功确定威胁来源的身份或位置的概率，归因判定包括对中介者的识别。网络生态系统在识别到威胁信息后，感知判断产生威胁信息的主体来源也同样重要，针对性治理威胁来源，能够从根本上解决网络所面临的威胁状况，提高网络的抗毁性能。

（3）威胁感知时间。威胁感知时间指系统从遭受威胁到感知威胁所需要的时间，网络威胁感知的速度需要符合作战要求，在网络生态系统执行网络行动过程中，对网络安全威胁的感知速度和时间也至关重要，越早感知到威胁源，就能够越早制定危险防御策略，减少因感知时间长造成网络受损等情况，提高网络的敏感性。

2. 安全防护水平

安全防护水平是指在网络行动或体系作战条件下，网络生态系统根据安全威胁告警信息，及时制定合理的安全响应对策，通过不断更新的安全策略、身份认证以及动态防御等功能，有效抵御不确定网络攻击的能力水平。网络行动中典型的攻击行动主要针对有效信息、节点单元和网络链路，因此，这三类要素也是安全防御的重点目标。安全防护水平具体包括以下指标：

（1）信息保护度。信息保护度指系统对处于网络攻击条件下有效信息的保护程度，主要表现为保护信息被非授权利用、非法扰乱；在完成网络行动任务过程中，网络中有效信息会由于网络信息保护力度不恰当导致网络信息被非法利用、扰乱，导致信息利用率低、网络信息精度差等。提高信息保护度，能够有效加强网络信息的准确性，实现网络的安全可靠。

（2）节点保护度。节点保护度指系统对处于网络攻击条件下网络节点单元的保护程度，包括保护节点单元被定向流武器实施的针对电子元器件的硬摧毁、保护引发异常型和资源耗尽型数据流武器实施的软打击等。网络生态系统诸要素节点单元繁多，容易受到攻击破坏，有效增强节点保护度，能够实现网络信息的高连通性，提高信息流转速率，增强抗毁性以及提高网络冗余度。

(3)链路保护度。链路保护度指系统对处于网络攻击条件下的网络链路的保护程度，包括防止链路受电磁干扰和压制，防御"信息洪流"恶意消耗链路带宽行为，防御病毒、木马、恶意软件等封锁通信端口行为，防御ARP(Address Resolution Protocol，地址解析协议)重定向等欺骗手段链路控制行为。与节点保护度类似，增强网络间的链路保护，能够有效提高网络抗毁能力，增强网络信息传输速率。

3. 灾难恢复水平

灾难恢复水平是指在复杂网络环境下，网络生态系统遭受攻击造成系统结构发生改变、功能降效或失效后，进行实时修复以降低攻击所造成的影响，及时恢复关键业务的能力水平。网络生态系统主要通过自适应调整系统的物理和逻辑结构关系与要素构成，实现系统结构、性能、功能的灵活动态降级或升级，以灵活适应各种异常情况的变化。灾难恢复水平具体包括以下指标：

(1)恢复时间。恢复时间指网络系统遭受蓄意攻击后，系统性能从低于正常阈值到恢复至正常水平所需的平均时间。提高网络生态系统受网络攻击的自愈恢复时间，能够有效制止网络攻击的持续发展，增强网络生态系统的抗毁、自愈性能，实现网络生态系统的高效、安全和可靠性。

(2)恢复率。恢复率指系统在遭受攻击损坏后成功恢复至正常能力阈值的概率，通过成功恢复次数与遭受攻击造成损坏次数的比值来表示。提高网络生态系统的网络信息恢复率，能够有效提高系统性能的准确度，增强网络的抗干扰能力和抗毁性能。

(3)恢复质量。恢复质量指在遭受网络病毒攻击和毁伤条件下，网络生态系统采取安全防御和恢复措施后所达到的性能和效果。灾难恢复的目标是完成预定使命任务，达到恢复初始状态或以降效状态完成任务的效果。在执行网络行动过程中，在恢复时间、恢复效率的基础上，提高网络恢复质量亦至关重要，将遭受网络攻击的节点单元或设备恢复到能够抵御网络攻击的状态，增强网络抗毁性能，提高网络的可用性。

4. 信息服务水平

信息服务水平是指网络生态系统为网络行动和体系作战提供具有可用性、完整性、及时性、共享性信息的能力。信息高效流转是网络行动的基本要求，也是系统满足技术战术性能要求的基础。信息服务水平具体包括以下指标：

（1）信息完整性。信息完整性指信息传输过程中信息的完好率。信息不能被任何未经授权的用户随意更改，网络生态系统中保持信息的完整性是网络信息服务的关键，提高网络信息准确率，增强网络信息可靠性。

（2）信息可用性。信息可用性指系统有效利用信息的比率，用有效信息与信息总量的比值来表示。网络中信息繁杂，种类众多，虚假、无用信息时常存在，因此，在维持信息完整、真实可信的基础上，强调提高网络信息的可用性和实用性，在确保信息准确率的前提下，提高信息质量。

（3）信息共享性。信息共享性指通过信息流在系统各要素实体间传递，实现系统各要素实时交互共享感知信息。信息共享能力的大小决定了作战体系联合化程度，用共享信息与信息总量比值来表示。实现网络生态系统的全网连通，信息共享是关键，在确保信息完整、可用的基础上，应增强节点单元间的联通性，实现有效的信息交互共享，增强网络的共享实时性。

（4）信息及时性。时间是衡量信息流高效传输的核心参数，而信息及时性则由系统内部信息流转、系统延迟和任务处理所耗费的总时长决定。在复杂网络环境和网络行动中，网络信息收发、传输的时效性是把握主动权的关键，在实现信息共享的前提下，应有效提高信息收发、传输速率，增强信息的实时性。

本 章 小 结

本章围绕网络生态系统动态演化性能评估，从度量准则与指标建立的基本原则出发，借鉴人体、C4ISR 系统、网络中心作战体系和信息网络安全体系等四种可类比体系的健康性度量，构建了网络生态系统健康性度量准则，如系统结构准则、系统功能准则和任务支撑能力准则，并结合健康性度量准则，给出了系统结构指标、系统功能指标和任务支撑能力指标等具体健康性度量指标。

第7章 网络生态系统动态演化性能评估方法

在网络生态系统动态演化性能评估中，方法问题至关重要，应从建立评估方法体系的基本依据入手，设计静态分析与动态分析相结合的网络生态系统健康性度量方法。对网络生态系统动态演化性能进行评估度量的方法，不是限定于某一种或一类方法，而是针对网络生态系统健康性提出来的，是评估或评价方法的组合设计和综合运用。

7.1 动态演化性能评估方法设计基础

网络生态系统健康性度量方法是建立健康性度量准则和指标体系之后，针对具体的网络生态系统进行系统性能指标量化计算的方法。网络生态系统构成要素众多、关系复杂，系统度量难度大，建立科学的度量方法成为网络生态系统健康性度量的前提和重要保障。

7.1.1 设计依据

目前，系统度量已经拥有一系列比较成熟的理论和方法，健康性度量主要是在前人研究的基础上进行改进。同时，系统度量是一项跨学科、跨层次的综合性工作，它既要求社会科学、经济学与自然科学的综合，又要求决策层、执行层与研究层的综合。度量方法的多样化主要体现在以下几点：

(1) 针对度量对象复杂，不同的度量对象经常使用特定的度量方法，如档案查阅法、评审成果法等。

(2) 针对不同度量阶段使用不同的方法，如一般仅用于权重计算的层次分析法、用于信息处理阶段的灰色理论法等。

(3) 针对度量技术的发展与深化，新方法层出不穷，但尚未推广普及应用。目前常用的度量方法有德尔菲法、演习模拟法、计算机仿真法、模糊综合评价法、层次分析法、系统动力学法等。

在度量方法选择和设计中，应重点注意以下几个问题。

首先，度量方法的选择设计要具有针对性。网络生态系统健康性度量方法主要面向网络安全和网络行动背景，选择合适的度量方法需要突出网络安全和网络行动特点。同时，依据任务需求、度量目的和网络生态系统的特点等因素，综合考虑网络生态系统健康性及其对体系作战的支撑作用，度量结果应经得起实践检验，具有较强的针对性和适应性。如果网络生态系统健康性度量背景把握不准确，就难以实现度量方法的科学设计和运用。

其次，度量方法的选择设计应考虑研究对象的属性及其多样化指标度量的需求。单一的度量方法具有较大的局限性和片面性，网络生态系统健康性度量需要建立一个针对度量对象和标准，切合客观实际需求的综合度量方法体系，而并非某一种或者某一类方法的单一使用。应充分考虑度量方法的可行性，结合网络生态系统及其实践运用环境，确定度量方法、度量程序及其具体组织形式。

最后，方法体系的运用要准确把握度量对象与标准以及相关关系。度量方法体系建立在度量对象和度量标准的基础之上，要提高度量方法的合理性和准确性，应正确把握度量对象、度量准则与具体指标，使结论全面合理。同时，考虑事物的规律、自身经验、系统影响因素和指标之间的逻辑关系，以及系统的环境适应性和在动态的作战环境中完成指挥任务，将定量和定性度量相结合，静态和动态度量相结合，发挥系统优势。

7.1.2　方法基础

1. 模糊综合评价法

模糊综合评价法是一种对受到多因素影响的事物做全面客观评价的多因素度量方法。早期，Zadeh 在"模糊集合"研究论文中提出了一种新的模糊数学方法，主要包括隶属函数、模糊集合等。在此基础上，我国学者汪培庄提出了模糊综合评价法，该方法利用模糊运算对模糊评判域进行综合量化，得到可比较的综合量化评估结果，在对界限不清晰的问题解决方面提供了一个新的解决思路和评价方法。

模糊综合评价法的数学模型可以表示为 $M = W \cdot R$。其中，M 为综合评价矩阵；W 为权重集；R 为隶属度矩阵。模糊综合评价有如下步骤：

Step 1：确定指标因素集 $U = \{u_1, u_2, \cdots, u_n\}$；

Step 2：确定评语集 $V = \{v_1, v_2, \cdots, v_k\}$；

Step 3：确定各指标因素集的权重，对评价集数值化或归一化；

Step 4：进行分层模糊评价，得到隶属度向量 $\boldsymbol{R}_i = (r_{i1}, r_{i2}, \cdots, r_{ik})$，形成隶属度矩阵：

$$\boldsymbol{R} = \begin{bmatrix} r_{11} & r_{12} & \cdots & r_{1k} \\ r_{21} & r_{22} & \cdots & r_{2k} \\ \vdots & \vdots & & \vdots \\ r_{n1} & r_{n2} & \cdots & r_{nk} \end{bmatrix}$$

Step 5：计算综合评价矩阵 $\boldsymbol{M} = \boldsymbol{W} \circ \boldsymbol{R}$。

2. 动态贝叶斯网络评估法

贝叶斯网络是由节点与有向边构成的有向图模型。1989 年，Andreassen 使用贝叶斯网络创建了专家系统，贝叶斯网络成为表示随机概率知识的系统，主要用于建模和分析处理随机性、不确定性问题。

动态贝叶斯网络（Dynamic Bayesian Network，DBN）是贝叶斯网络在时序上的扩展，动态指贝叶斯网络中节点值的动态变化，它通过将状态表示成因子形式，而不再是单个离散随机变量形式，把状态值描述成任意概率分布而不仅仅是线性高斯分布。动态贝叶斯网络是建立在隐含马尔科夫模型（Hidden Markov Model，HMM）和静态贝叶斯网络模型基础之上用来描述变量随时间变化的系统模型，它将传统的贝叶斯网络模型在实践演进方面进行了扩展和改进，在处理具有随机过程特性的概率模型方面具有很强的适用性。通过动态贝叶斯网络，能够提高在时间维度方面对网络的监测，对在半无限集合上定义的随机变量 Z 的概率分布进行建模分析。空间上面的输入、隐含及输出变量的变化关系通过三部分进行表示。在系统当中，只需要考虑离散随机过程，当新信息来临时，只需要将下标 T 加 1。所谓的动态并非指贝叶斯网络结构会随时间的推进而改变，而是指建模系统的动态性。

动态贝叶斯网络由 T 个隐含状态变量 $\boldsymbol{X} = \{x_0, x_1, \cdots, x_{T-1}\}$ 序列的概率分布函数与 T 个观测变量 $\boldsymbol{Y} = \{y_0, y_1, \cdots, y_{T-1}\}$ 的序列构成。其中，T 为所调查事件的时间界，动态贝叶斯网络中节点的联合分布概率可表示为

$$P(X, Y) = \prod_{i=1}^{T-1} P(x_i \mid x_{i-1}) \prod_{i=1}^{T-1} P(y_i \mid x_{i-1}) P(x_0) \tag{7.1}$$

式中：$P(x_i \mid x_{i-1})$ 为状态转换概率分布函数；$P(y_i \mid x_{i-1})$ 为证据数据概率分

布函数；$P(x_0)$ 为初始状态分布。

　　隐形马尔科夫模型是动态贝叶斯网络常用的模型与方法。隐形马尔科夫模型在每个时序内产生一个预测值和一个观测值，隐形马尔科夫模型状态变化如图 7.1 所示。

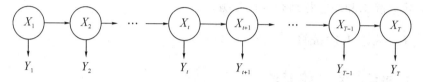

图 7.1　隐形马尔科夫模型状态变化

　　其中，隐形马尔科夫模型的推理算法表述为

$$p(X_t = i \mid y_1, y_2, \cdots, y_t, y_{t+1}, \cdots, y_T)$$

$$= \frac{p(X_t = i, y_{1:T})}{p(y_{1:T})}$$

$$= \frac{p(X_t = i, y_{1:t}, y_{t+1:T})}{p(y_{1:T})}$$

$$= \frac{p(y_{t+1:T} \mid X_t = i, y_{1:t}) p(X_i = i, y_{1:t})}{p(y_{1:T})} \qquad (7.2)$$

　　由于 $X_t = i$，d 分离了 $y_{t+1:T}$ 和 $y_{1:t}$，有 $p(y_{t+1:T} \mid X_t = i, y_{1:t}) = p(y_{t+1:T} \mid X_t = i)$，考虑到 $y_{1:t}$ 观测值是确定的，因此，$p(y_{1:t}) = 1$。

$$p(X_t = i \mid y_{1:T}) = \frac{p(y_{t+1:T} \mid X_t = i) p(X_t = i \mid y_{1:t})}{p(y_{1:t})} \qquad (7.3)$$

　　令 $c = \dfrac{1}{p(y_{1:T})}$，则

$$\beta_t(i) = p(y_{t+1:T} \mid X_t = i)$$
$$\lambda_t(i) = p(X_t = i \mid y_{1:t}) \qquad (7.4)$$

解得

$$p(X_t = i \mid y_{1:T}) \propto \lambda_t(i) \beta_t(i) \qquad (7.5)$$

7.2　动态演化性能评估方法综合设计

　　近年来，国内外专家学者相继从不同角度提出多种度量系统性能的方法，但总体上，对于复杂系统健康性的度量方法可分为静态和动态两大类。其中，静态度量方法主要构建健康性指标与参量之间的线性关系，并加入

人的因素,系统进行定量度量;而动态度量方法则加入时间因素,考察系统各状态随着时间变化的动态过程。网络空间生态系统的复杂性特性,决定了在系统运行过程中,既要考虑自身性能的属性值,又要考虑时间上系统执行效能的变化情况,并根据网络空间生态系统健康性度量方法的基本依据,建立静态和动态相结合的度量方法。

7.2.1 基础方法选择

1. 静态度量方法的选择

针对网络生态系统健康性度量指标体系的复杂性和层次结构关系,考虑引入层次分析方法。网络生态系统中各构成要素之间的关系、通信连接、网络环境等复杂多变,是一个复杂巨系统。在不考虑时间因素的条件下,需要从网络生态系统的结构完好性、系统功能健全性和复杂任务适应性等准则指标出发,分析各准则所对应的指标及对应关系。针对网络生态系统指标要素的特性,目前解决该类问题的度量方法主要有主成分分析法、德尔菲法和层次分析法等。由于指标体系为复杂多层次结构,且各指标之间相互独立,并以一定的影响权重共同作用于网络生态系统的健康性,因此,在研究网络生态系统健康性度量指标时,采用层次分析法具有思路清晰、适用性强等优势,对无法定量分析的复杂问题也具有一定的实用性;在解决具体的决策问题中,层次分析法可以实现偏好信息分析与决策,并结合定性分析结果,使决策过程更具条理性、科学性和客观性等特点。

针对网络生态系统健康性度量指标的多样多类型混杂和不确定模糊特点,考虑引入模糊综合评价方法。网络行动实时多变,网络生态系统"健康"与"不健康"之间没有准确的定位,是一种相对状态,且状态之间根据网络安全环境、网络行动等具体需求进行实时过度、转换,具有一定的模糊性。解决网络生态系统健康性度量指标模糊性问题主要采用模糊综合评价方法。模糊综合评价方法是一种基于模糊数学的综合评价方法,具有结构清晰、系统性强等特点,能够较好地解决模糊和难以量化的问题。因此,在层次分析方法解决指标分级、分层度量的基础上,运用模糊综合评价方法解决网络生态系统健康性指标的随机性、不确定性等特点。

层次分析方法存在指标的量化及隶属等问题,通过结合模糊综合评价方法,能够有效解决此类问题。将层次分析方法与模糊综合评价方法相结合,将评价指标进行模糊定量化处理，再通过层次分析方法进行权值计算，构造模糊评价矩阵并进行定量评价，通过计算结果（健康值），引入评价模型进行综合评价，采用自下而上的逆向推算并进行指标的综合加权评价，得到静态系统状态的综合健康值。采用模糊理论和层次分析方法相结合的方式进行量化评价，能够确保网络生态系统健康性指标数据的客观性和有效性。

2. 动态度量方法的选择

目前，研究网络生态系统健康性度量指标问题所采用的层次分析方法、模糊综合评价方法，在研究复杂环境下的网络生态系统健康性定量度量的问题上存在很大的局限性：一是度量对象为网络生态系统，其静态情况下的健康性静态度量指标仅反映了网络生态系统部分健康性能，无法体现网络生态系统的整体健康性；二是评估的目的是进行度量方案的优选，无法给出网络生态系统健康性度量的具体效能值；三是将网络行动视为静态的过程，忽略了网络行动过程中网络生态系统健康性指标的变化，对于网络生态系统研究而言，这种变化恰恰是需要重点关注的对象。

网络生态系统健康性度量指标在不同时刻、不同环境所处状态不同，且无法预知下一时间段度量指标的变化情况，需要有效解决健康性度量指标数据不确定、不完整的问题。针对此类问题，采用动态贝叶斯网络分析方法。动态贝叶斯网络能够较为方便地处理数据不确定、不完整问题，是不确定信息表达和推理预测技术的适用方法，且能够实现时间轴上的信息收集、积累，降低了系统度量的不确定性，提高了度量精度。相较于其他度量方法，动态贝叶斯网络具有如下优点：

（1）在预测进程中，动态贝叶斯网络能够有效实时地处理网络行动数据缺失问题。

（2）能够根据网络生态系统健康性的实时动态信息进行自主调整，并及时干预预测推理结果以提高度量精度。

（3）动态贝叶斯网络是结合先验信息与获取数据的理想表示。

（4）动态贝叶斯网络结合概率表示，能够有效避免健康性度量数据过度拟合的现象。

动态贝叶斯网络在时间轴上能够实现数据的积累与收集，有效降低了系统度量的不稳定性，提高了健康性度量精度；同时，动态贝叶斯网络的计算量小，灵活方便。因此，动态贝叶斯网络是进行网络生态系统健康性度量的有效方法。

7.2.2　度量方法设计

　　网络生态系统是实时变化的复杂巨系统，网络环境复杂，不确定因素众多，静态度量方法在具体实施阶段不易操作且具有一定的局限性，而表示随机概率知识的动态贝叶斯网络系统算法简单并具有较好的实时性，因此成为解决此问题的有效手段。另外，动态贝叶斯网络是基于先验信息的推理，为了提高动态贝叶斯推理精度，必须扩大样本容量，依靠静态度量方法提供更为丰富的先验信息，可以有效提高动态推理的准确度。在网络生态系统健康性度量过程中，既应该考虑系统自身性能的静态特性，又应该考虑在整个时间系统中，每个层次的系统在每一个时间片间的联系与配合。因此，对网络生态系统健康性进行准确度量，需要将层次分析方法与模糊综合评价方法结合的静态度量方法与动态贝叶斯网络结合起来，构建动静结合的度量方法体系，具体如图 7.2 所示。

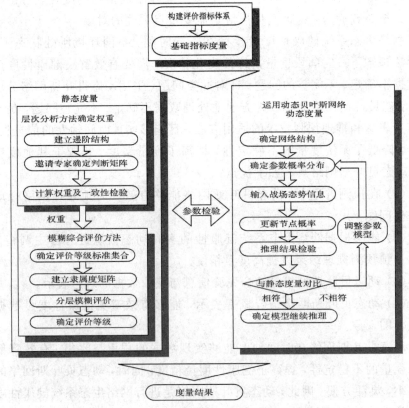

图 7.2　网络生态系统健康性度量方法设计

Step 1：通过数学解析法、模拟仿真法和专家意见法对底层指标度量；

Step 2：使用层次分析法确定准则层与指标层权重；

Step 3：运用多层模糊综合评价方法对网络生态系统健康性进行静态综合评价；

Step 4：将静态度量的指标参数作为动态贝叶斯网络的已知数据进行动态推理，并使动态贝叶斯度量模型根据已知参数校验不断自我更新、学习和完善。

7.3　动态演化性能评估方法具体实施

动态演化性能评估方法按照基础指标的度量、系统指标的静态度量和系统指标的动态度量等三个环节实施。

7.3.1　基础指标的度量

基础指标的度量是上级指标度量的基础，同时也是评估上级指标的输入和前提。根据度量内容的不同，第 6 章中建立的基础指标大体上分为时间类、网络结构类、比例类和定性类等。

底层指标的度量方法包括专家意见法、模型解析法、仿真实验法等。基础指标的度量的主要步骤如下：

Step 1：分析指标概念含义，建立基础指标的数学模型；

Step 2：参照数据模型，明确指标需要的数据；

Step 3：根据指标的数据需求，选择数据的实验获取方法；

Step 4：进行实验采集数据，计算指标取值。

1. 时间类指标

网络生态系统健康性的时间类指标包括信息及时性、恢复时间、威胁感知时间、反馈速度、自我修复速度、响应速度等，建立指标的数学模型如下：

$$\Delta T = T_1 - T_0 \tag{7.6}$$

式中：T_0 为动作开始时刻；T_1 为动作结束时刻。

时间类指标一般通过实验数据获得。

2. 网络结构类指标

网络结构类指标主要反映的是网络生态系统的结构性能，包括网络弹性、网络多能性、冗余度等。对支撑体系作战能力紧密联系的节点、结构分布、度分布、平均路径长度、聚集系数、介数等进行度量，采用复杂网络分析的方法，宏观分析拓扑结构特征度量系统结构。复杂网络常用统计参量如附表 1 所示。

3. 比例类指标

网络生态系统健康性的比例类指标主要包括信息共享性、自我调节能力、防护能力、自我修复速度等。此类比例类指标以实际完成达到的目标和理想状态实现的总目标之间的比值来衡量系统。以信息共享性的数学模型作为此类指标的例子，如下：

$$A_{信息共享性} = \frac{\sum\limits_{i=1}^{M} \sum\limits_{j=1}^{N} d_{ij}}{MN} \tag{7.7}$$

式中：M 为关键任务目标的数量；N 为信息主体数量；d_{ij} 为信息主体 j 是否掌握目标 i 信息。

4. 定性指标

网络生态系统健康性的定性指标包括校正质量、可维修性、管理层完备度等。定性指标的度量具有一定的模糊性，通常采用专家打分的方式进行定性度量。对于度量指标数为 m，评价等级数为 n 的度量系统，邀请 k 位专家参与打分，每位专家的定性指标评价结果如表 7.1 所示。

表 7.1　某位专家的定性指标评价结果

评价等级／度量指标	1	2	3	⋯	n
1	0	0	1	0	0
2	1	0	0	0	0
3	0	1	0	0	0
⋮	⋮	⋮	⋮	⋮	⋮
m	0	0	0	0	1

7.3.2 系统指标的静态度量

上级综合类指标的度量属于多属性目标决策问题，是在基础指标度量的基础上进行的。本节将采用层次分析方法与模糊综合评价方法相结合的方式将基础指标综合为上级指标，并给出网络生态系统健康性的综合度量方法。

网络生态系统健康性的度量标准指标的实验结果具有一定的不确定性和随机性，模糊综合评价方法就是针对度量评估过程中的不确定性而提出的方法，对系统健康性的度量使用模糊综合评价方法具有一定的合理性，它将非线性的评价系统等级如{优、良、一般、差}等进行综合量化，计算实验结果数据对每个评价等级的隶属度。对综合指标进行模糊综合评价的主要过程分为确定指标权重、确定指标隶属度、确定模糊算子、确定系统的隶属度几个步骤。

1. 确定指标权重

根据建立的指标体系，拥有相同父节点的子指标之间进行两两比较，判断相对关系，用1～9来划分，具体含义如附表2所示。

按照标度请多名专家进行打分，填写矩阵表格，根据专家意见建立判断矩阵；然后检测矩阵的一致性，求解指标间的相对权重；最后通过递归方法自下而上得出所有指标间的相对权重。公式如下：

$$W_i = \frac{1}{n} \sum_{j=1}^{n} \frac{a_{ij}}{\sum_{k=1}^{n} a_{kj}} \tag{7.8}$$

2. 确定指标隶属度

首先建立基础指标的隶属函数，即选择某些带参数的函数来表示基础指标隶属于不同模糊评价等级（如{优，良，一般，差}）的概率。隶属函数的具体确定需要根据历史数据和专家经验。然后将基础指标中定量指标的实验数据或定性指标的专家意见结果代入隶属度公式进行计算，得到基础指标的相对隶属度，确定隶属度矩阵 **R**。

网络生态系统健康性度量的基础指标分为定量指标和定性指标，两类指标的隶属度确定方法有所不同。

1）定量指标

定量指标隶属度的确定通常采用线性分析法，该方法将指标实际值在连续区间上确定的关键值点使用内插公式进行处理计算，确定指标值在该评价等级上的隶属度。

隶属度函数根据具体度量指标的不同有多种选择，这里将半梯形分布函数作为隶属度函数，具体隶属度函数如下。

指标因素度量值集合为 $X=\{x_1, x_2, \cdots, x_m\}$，评价等级标准 $V=\{v_1, v_2, \cdots, v_n\}$，则第 i 个指标隶属于第 j 个评价标准的隶属度函数表示为

$$r_j = \begin{cases} 1 - r_{j-1} & v_{j-1} \leqslant x_i \leqslant v_j \\ \dfrac{v_{j+1} - x_i}{v_{j+1} - v_j} & v_j < x_i < v_{j+1} \\ 0 & x_i \leqslant v_{j-1} \text{ 或 } x_i \leqslant v_{j+1} \end{cases} \tag{7.9}$$

由此，可以确定隶属函数矩阵 $\boldsymbol{R}$：

$$\boldsymbol{R} = \begin{bmatrix} r_{11} & r_{12} & \cdots & r_{1n} \\ r_{21} & r_{22} & \cdots & r_{2n} \\ \vdots & \vdots & & \vdots \\ r_{m1} & r_{m2} & \cdots & r_{mn} \end{bmatrix} \tag{7.10}$$

2）定性指标

定性指标采用百分比统计的方法，即将多位专家的评价结果汇总统计百分比。假如邀请 k 位专家参与打分评价，第 k 个专家对第 i 个指标在第 j 个评价标准上的隶属度评价为 u_{ij}^k，那么可以通过下式确定隶属度矩阵：

$$r_{ij} = \frac{\sum_{k=1}^{k} u_{ij}^k}{k}, \ i = 1, 2, \cdots, m; j = 1, 2, \cdots, n \tag{7.11}$$

3. 确定模糊算子

步骤 1 与步骤 2 确定出的权重向量 $\boldsymbol{W}$ 和隶属度矩阵 $\boldsymbol{R}$ 进行模糊运算 $\boldsymbol{M} = \boldsymbol{W} \cdot \boldsymbol{R}$。算子"∘"称为模糊算子，模糊算子有多种选择，应根据实际被评价对象的不同特点选择合适的算子。

常见模糊算子比较如附表 3 所示。

4. 确定系统的隶属度

根据计算出的指标的隶属度和相对权重，通过加权计算的方法计算出系统的隶属度，即系统健康性隶属于不同模糊评价等级的程度，计算公式如下：

$$\boldsymbol{M} = \boldsymbol{W} \circ \boldsymbol{R} = \boldsymbol{W} \circ \begin{bmatrix} r_{11} & r_{12} & \cdots & r_{1n} \\ r_{21} & r_{22} & \cdots & r_{2n} \\ \vdots & \vdots & \ddots & r_{mn} \end{bmatrix} \qquad (7.12)$$

式中：r_{ij} 为依据第 i 个基础指标值，系统属于第 j 个评判等级的隶属度。

由上述可知，模糊综合评价方法与层次分析方法相结合，既合理应用了基础指标的客观结果，又在隶属度和权重的确定时综合了专家意见和历史数据，是一种合理的静态度量方法。

7.3.3　系统指标的动态度量

对于网络生态系统而言，时间是一个重要的维度。为了体现系统在时间维度的变化，考虑采用动态度量的方法。现有许多度量方法在获取确定性信息的条件下具有较强的度量及仿真效果，但应注意的是，网络生态系统面对的是复杂不确定的网络环境，海量网络信息的获取具有不确定性和不完整性，概率论的方法是能够较好地解决随机性问题的一种方法。动态贝叶斯网络结合了概率论和图论优点，对于不确定性、随机性问题可以进行定性与定量的分析，因此对于系统动态的度量方法选择动态贝叶斯网络的度量方法。

1. 建立动态贝叶斯网络度量模型

根据网络生态系统健康性度量指标，首先建立基于静态贝叶斯网络的度量模型，如图 7.3 所示。将标准因素表示为网络中的节点，目标层的指标表示为目标节点，底层指标表示为网络节点，节点间的有向路径表示节点之间的相互关系。控制层是网络生态系统健康性度量的目标，CEH 表示网络生态系统健康性水平，网络层由底层指标构成。

动态贝叶斯网络是静态贝叶斯网络在时间片上的扩展，如图 7.4 所示。

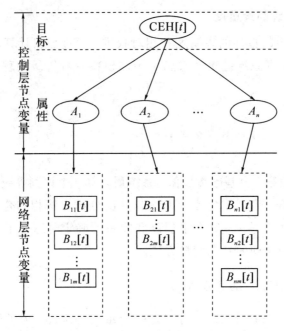

图 7.3　静态贝叶斯网络模型

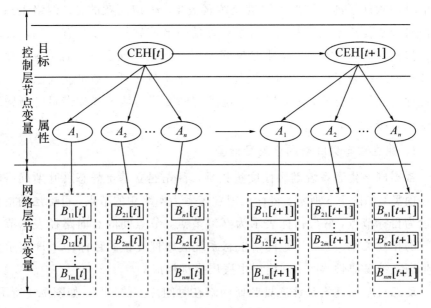

图 7.4　动态贝叶斯网络模型

随着时间的发展，网络生态系统健康性度量中通过静态度量获得的信息越来越多，对于当前时间 T 建立的贝叶斯网络模型，可以通过静态度量、专家经验以及历史信息的方式获得当前时间的网络生态系统健康性度量值。在此基础上，获得的 T 时刻度量值可作为下一时刻 $T+1$ 的推理依据，动态度量模型在时间的推进中不断学习和完善。

2. 确定度量模型参数

网络生态系统健康性的动态度量模型参数分为初始网络节点的条件概率分布和网络状态转移概率两类。其中，初始网络节点的条件概率分布表示贝叶斯网络中节点之间的相互影响和关联程度，网络状态转移概率表示网络随时间推移变化时节点状态改变的概率分布，此部分参数可根据历史数据、专家经验、实验仿真或军事演习中多次静态度量的方式确定。在实际度量操作时，为避免专家经验所存在的主观性，可通过多次实验仿真或实兵演习进行多次静态度量，取得样本数据并调试，提高动态度量的准确度。

7.4　动态演化性能评估方法综合运用与仿真

网络生态系统健康性度量主要包括两部分：一是初始条件下网络健康性的度量，静态度量由层次分析方法和模糊综合评价方法结合进行度量评价；二是随着时间转移，系统在进行活动过程中的健康性度量，动态度量运用动态贝叶斯网络进行度量评价。度量模型的部分参数值受专家经验知识的影响，存在一定的主观性。因此，在实际操作中，可以通过控制演练条件进行多次试验，取得多组样本数据，将这些数据代入模型中进行反复调试，对比分析所得结果后对模型参数进行适度调整，提高度量可信度。

7.4.1　层次化建模和指标计算

1. 层次化建模

为了更方便地表示和运算，对第 4 章构建的指标体系进行处理，用符号进行表示。准则层的系统结构、系统功能、任务支撑能力分别表示为 A_1、A_2 和 A_3，准则 A_m 在一级指标中的第 n 个子指标表示为 B_{mn}，一级指标 B_i

在其下级二级指标中的第 j 个子指标表示为 C_{ij}。由此,将网络空间生态健康性度量指标体系简化表示为符号化的树状递阶层次结构模型,以便指标运算,如图 7.5 所示。

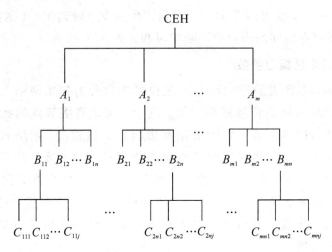

图 7.5　指标体系树状递阶层次结构模型

2. 基础指标值的获取

运用基础指标的度量方法对二级基础指标进行度量,针对不同类型的基础指标运用专家意见法、模型解析法、仿真实验法等多种度量方法,如附表 4 所示。指标的参数值可根据历史数据、专家经验、仿真实验或实兵演习中多次静态度量的方式确定。为避免专家经验所存在的主观性,应通过多次实验仿真或实兵演习进行多次静态度量,取得样本数据并调试,提高度量的准确度。

7.4.2　基于模糊综合评价方法的静态度量

1. 确定系统权重

1) 构造判断矩阵

根据附表 2,将树状指标体系中拥有相同父节点的子指标进行两两比较,判断相对重要或优势度,制作判断矩阵。邀请多位专家以匿名形式参与填写表格,表格填写只需填写上三角矩阵,下三角矩阵可自动推出。以一级指标中的系统功能标准子指标为例,系统权重判断矩阵如表 7.2 所示。

表 7.2　系统权重判断矩阵

判断标度	闭环反馈	自愈修复	鲁棒控制	主动响应	免疫防护	抗毁抗扰
闭环反馈	1	1	1/4	1/3	1/2	1/5
自愈修复	1	1	1/3	1/3	1	1/5
鲁棒控制	4	3	1	1	3	1/2
主动响应	3	3	1	1	3	1/2
免疫防护	2	1	1/3	1/3	1	1/5
抗毁抗扰	5	5	2	2	5	1

2）运用 Yaahp 软件计算系统权重

层次分析方法中系统权重的计算是一个复杂的逐层计算递归过程，并涉及烦琐的矩阵运算，本节使用 Yaahp 软件进行数据录入及计算权重过程。Yaahp 软件是一款灵活易用的层次分析方法软件，可以利用它进行层次模型构造、判断矩阵录入以及排序权重计算等步骤，简化数学计算。Yaahp 软件支持多专家群决策，可使用矩阵形式或文字形式将多专家判断矩阵录入。Yaahp 软件根据录入判断矩阵数据，经过一致性检验，得到各级指标权重，如附表 5 所示。

2. 确定评价因素和评价等级集合

总目标 CEH 包括三个准则：A_1、A_2、A_3，即 $CEH = \{A_1, A_2, A_3\}$；

准则 A_m 包括 n 个指标：$A_m = \{B_1, B_2, \cdots, B_n\}$；

一级指标 B_i 包括 j 个指标：$B_i = \{C_1, C_2, \cdots, C_j\}$。

评价等级标准集合 $V = \{V_1, V_2, \cdots, V_k\}$，又称为评语集。其中，$k$ 为评语等级数。评价元素可以定性也可以体现量化的等级，本节定义 $V_1 = $ "优秀"，$V_2 = $ "良好"，$V_3 = $ "一般"，$V_4 = $ "差"。

3. 确定隶属度矩阵

7.3 节说明了指标隶属度矩阵的确定步骤，网络空间生态健康性度量的基础指标分为定性指标和定量指标，两类指标的隶属度确定方法有所不同。

1）定量指标

根据 7.3 节隶属度函数的选择和计算方法，以"威胁感知时间"为例，说明定量指标隶属度的确定过程。根据专家意见及历史数据，制定威胁感知时间速度标准，如表 7.3 所示。

表 7.3　威胁感知时间速度标准

评价指标	评价等级				实际值
	优秀	良好	一般	差	
威胁感知时间/s	0.5	2	5	10	1.5

计算可得 $x_{243} = 1.5$，$v_{2431} = 0.5$，$v_{2432} = 2$，$v_{2433} = 5$，$v_{2434} = 10$，显然 $v_{2431} < x_{243} < v_{2432}$，则

$$M = W \circ R = W \circ \begin{bmatrix} r_{11} & r_{12} & \cdots & r_{1n} \\ r_{21} & r_{22} & \cdots & r_{2n} \\ \vdots & \vdots & & \vdots \\ r_{m1} & r_{m2} & \cdots & r_{mn} \end{bmatrix} \tag{7.13}$$

$$\begin{cases} r_{2431} = \dfrac{v_{2432} - x_{243}}{v_{2432} - v_{2431}} = \dfrac{2 - 1.5}{2 - 0.5} = 0.333 \\ r_{2432} = 1 - r_{2431} = 0.667 \\ r_{2433} = r_{2434} = 0 \end{cases} \tag{7.14}$$

由此得"威胁感知时间"指标的隶属度矩阵为 $[0.333, 0.667, 0, 0]$。按照此计算步骤，计算全部定量指标的隶属度，构成模糊综合评价隶属度矩阵。

2）定性指标

按照 7.3 节给出的步骤，计算定性指标隶属度。以"自我调节能力"指标的隶属度计算为例，邀请 10 位专家对"自我调节能力"进行度量评价，以匿名形式进行，回收表格后统计结果。其中，有四位专家评价"优秀"，四位专家评价"良好"，两位专家评价"一般"，每个评价等级的专家数与专家总数之比即为指标对该评价等级的隶属度。那么，"自我调节能力"指标对"优秀"的隶属度为 0.4，对"良好"的隶属度为 0.4，对"一般"的隶属度为 0.2，

对"差"的隶属度为 0，得出隶属度矩阵为 $[0.4,0.4,0.2,0]$。所有定性指标的隶属度矩阵皆依照此方法进行计算。

将指标的隶属度进行汇总，得到模糊综合评价的最终隶属度矩阵 $\boldsymbol{R}$，如附表 6 所示。

4. 对系统进行模糊综合评价

1）分层模糊评价

按照二级、一级指标，准则层和目标层的顺序，根据公式进行分层模糊评价：

$$
\begin{aligned}
\boldsymbol{M}_i &= \boldsymbol{W}_{Cim} \circ \boldsymbol{R}_i \\
&= (W_{Ci1}, W_{Ci2}, \cdots, W_{Cim}) \circ
\begin{bmatrix}
r_{i11} & r_{i12} & \cdots & r_{i1n} \\
r_{i21} & r_{i22} & \cdots & r_{i2n} \\
\vdots & \vdots & & \vdots \\
r_{im1} & r_{im2} & \cdots & r_{imn}
\end{bmatrix} \\
&= (M_{i1}, M_{i2}, \cdots, M_{im})
\end{aligned}
\tag{7.15}
$$

式中：M_i 为该层第 i 个指标的模糊评价；M_{im} 为该指标层下第 m 个子指标相对于该层的权重。

选择加权平均型模糊算子，并按步骤分层计算出模糊综合评价矩阵 $\boldsymbol{R}$。

2）多层综合评价

依据分层综合评价的结果，通过公式由子指标相对于父指标层权重及分层综合评价的结果计算最终综合评价结果。同理可求解准则层评价结果和目标层系统健康性评价结果，如附表 7～附表 9 所示。

根据准则层 A 模糊评价结果和准则层 A 相对于目标层 CEH 的权重，可计算出最终网络空间生态健康性的综合评价结果，如表 7.4 和表 7.5 所示。

$$
\begin{aligned}
\boldsymbol{CEH} &= \boldsymbol{W}_A \circ \boldsymbol{A} \\
&= (0.333\ 0.333\ 0.333) \circ
\begin{bmatrix}
0.393 & 0.478 & 0.125 & 0.004 \\
0.289 & 0.483 & 0.212 & 0.016 \\
0.313 & 0.625 & 0.040 & 0.023
\end{bmatrix} \\
&= (0.332\quad 0.529\quad 0.126\quad 0.014)
\end{aligned}
$$

表7.4 准则层A模糊评价结果

准则层A	综合评价结果			
	优秀	良好	一般	差
系统结构	0.393	0.478	0.125	0.004
系统功能	0.289	0.483	0.212	0.016
任务支撑能力	0.313	0.625	0.040	0.023

表7.5 模糊综合评价结果

等级	优秀	良好	一般	差
结果	0.332	0.529	0.126	0.014

由静态度量结果可知，网络生态系统在时刻 T 的健康性水平为良好。

7.4.3 基于动态贝叶斯网络的动态度量

1. 建立动态度量模型

网络生态系统健康性度量具有典型的复杂性、层次化和动态性特点，包含层次化多类型指标的综合评估和效能动态评估等问题。基于此，以动态贝叶斯网络为主，结合层次分析方法和模糊综合评价方法，建立动静结合的评估方法。其中，动态贝叶斯网络主要解决数据随时间变化的不确定、不完整等问题；层次分析方法重点解决度量指标体系的层次结构关系，实现指标体系的分层、分级度量；模糊综合评价方法解决度量指标体系的不确定、模糊性，实现指标度量的客观性和有效性。

具体步骤如下：

Step 1：收集整理历史数据、专家意见和实验仿真数据；

Step 2：运用层次分析法对指标体系进行分层并计算指标层权重；

Step 3：运用模糊综合评价法对指标体系进行静态综合评价；

Step 4：将静态度量的指标参数作为动态贝叶斯网络的已知数据进行动态推理，得出仿真结果。

运用静态度量方法对指标体系进行分层，将网络生态系统健康性视为目标层，系统的三大准则视为准则层，系统的度量指标视为指标层，在此基础上构建基于动态贝叶斯网络的度量模型，如图 7.6 所示。

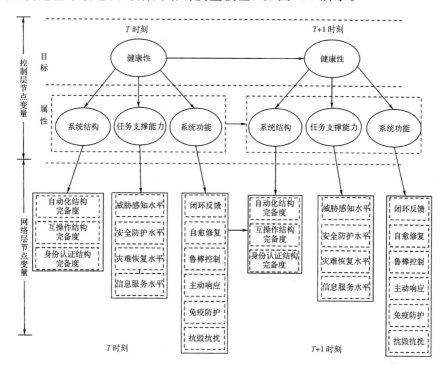

图 7.6　基于动态贝叶斯网络的度量模型

2. 确定动态度量参数

按照度量步骤，首先运用静态度量方法分析指标层和准则层的权重，再开展动态效能评估。鉴于静态分析方法的成熟性，这里仅给出静态分析的结论，作为动态效能分析的基础。文中仿真的参数值参考了历史数据、专家意见和实验仿真。例如，动态效能评估中的模型参数，健康性指标条件概率反映健康性指标之间存在的因果关系，该参数初值由专家经验知识给出；健康性状态转移概率反映各时间片健康性指标状态改变的概率，该参数值可由历史数据和专家经验知识确定。

运用模糊综合评价方法对网络生态系统健康性进行静态度量，得出健康性初始状态(优秀、良好、一般、差)的概率分别为 0.332、0.529、0.126、0.014。

健康性度量准则层指标的条件概率分布如表 7.6 所示，受攻击后的健康性指标状态转移概率分布如表 7.7 所示，实施防御后的健康性指标状态转移概率分布如表7.8所示。具体参数含义，如表7.6中左上第一行的四个数字(0.2，0.1，0.3，0.4)，表示"健康性"项为优秀对应"系统结构"项为(优秀，良好，一般，差)的概率分别为0.2、0.1、0.3、0.4；表7.7中第一行数字(0.6，0.1，0.2，0.1)，表示若T时刻健康性状态为优秀，则在$T+1$时刻健康性状态为(优秀，良好，一般，差)的概率分别为0.6、0.1、0.2、0.1。

表7.6　健康性指标条件概率分布

健康性	系统结构				系统功能				任务支撑能力			
	优秀	良好	一般	差	优秀	良好	一般	差	优秀	良好	一般	差
优秀	0.2	0.1	0.3	0.4	0.4	0.1	0.2	0.3	0.3	0.1	0.2	0.4
良好	0.1	0.2	0.2	0.5	0	0.3	0.4	0.3	0.1	0.2	0.4	0.3
一般	0	0.1	0.3	0.6	0	0.1	0.3	0.6	0	0.1	0.3	0.6
差	0	0	0.4	0.6	0	0.2	0.6	0.2	0	0	0.2	0.8

表7.7　受攻击后的健康性指标状态转移概率分布

健康性	优秀	良好	一般	差
	$T+1$	$T+1$	$T+1$	$T+1$
优秀 T	0.6	0.1	0.2	0.1
良好 T	0.2	0.5	0.2	0.1
一般 T	0.05	0.2	0.65	0.1
差 T	0	0.05	0.25	0.7

表7.8　实施防御后的健康性指标状态转移概率分布

健康性	优秀	良好	一般	差
	$T+1$	$T+1$	$T+1$	$T+1$
优秀 T	0.8	0.2	0	0
良好 T	0.5	0.4	0.1	0
一般 T	0.2	0.4	0.3	0.1
差 T	0.1	0.3	0.5	0.1

在动态效能分析中，需要观测统计各时间片的健康性状态值，输入动态贝叶斯网络度量模型，触发动态贝叶斯网络推理，更新健康性的概率分布，完成网络生态系统健康性的动态度量。

按照网络行动过程中的攻击—检测—防御流程，在网络行动起始阶段，系统遭受网络攻击，这里分别对受网络攻击后系统健康性的系统结构、系统功能和任务支撑能力指标值进行九次观察统计，如表 7.9 所示；同时仿真得出受攻击后健康性状态概率分布，如图 7.7 所示。在检测—防御阶段，以前一时刻受攻击后的健康性指标为初始值，仿真得出对应系统结构、系统功能和任务支撑能力等准则层的健康性指标观测概率。这里仅给出了实施防御后健康性状态概率分布，如图 7.8 所示。通过数据图表分析可看出：在遭受网络攻击阶段，系统结构、系统功能和任务支撑能力降低（见表 7.9），系统整体健康性逐渐降低，表现为图 7.7 中健康性状态为优秀和良好的概率降低，一般和差的概率逐渐上升；在检测—防御阶段，系统抵御网络攻击能力增强，系统结构、系统功能和任务支撑能力得到提升，系统健康性逐渐增强，表现为图 7.8 中系统健康性状态为优秀和良好的概率上升，一般和差的概率下降，最终达到动态平衡。

表 7.9 系统指标观测

T	系统结构	系统功能	任务支撑能力
	优秀 良好 一般 差	优秀 良好 一般 差	优秀 良好 一般 差
T_1	(0.34, 0.35, 0.23, 0.08)	(0.33, 0.32, 0.21, 0.14)	(0.36, 0.35, 0.21, 0.08)
T_2	(0.14, 0.13, 0.33, 0.40)	(0.13, 0.20, 0.32, 0.35)	(0.19, 0.23, 0.32, 0.26)
T_3	(0.04, 0.20, 0.35, 0.41)	(0.04, 0.18, 0.34, 0.44)	(0.13, 0.21, 0.35, 0.31)
T_4	(0.05, 0.21, 0.30, 0.44)	(0.02, 0.17, 0.30, 0.51)	(0.08, 0.22, 0.42, 0.28)
T_5	(0.06, 0.15, 0.37, 0.42)	(0.03, 0.17, 0.31, 0.49)	(0.07, 0.21, 0.41, 0.31)
T_6	(0.01, 0.18, 0.38, 0.43)	(0.04, 0.16, 0.28, 0.52)	(0.06, 0.24, 0.38, 0.26)
T_7	(0.02, 0.12, 0.36, 0.42)	(0.05, 0.14, 0.30, 0.51)	(0.11, 0.22, 0.40, 0.27)
T_8	(0.05, 0.14, 0.37, 0.44)	(0.03, 0.13, 0.28, 0.56)	(0.09, 0.20, 0.39, 0.32)
T_9	(0.06, 0.15, 0.33, 0.46)	(0.02, 0.14, 0.30, 0.54)	(0.08, 0.22, 0.36, 0.34)

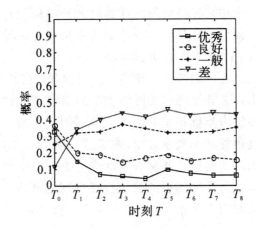

图 7.7　受攻击后的健康性状态概率分布

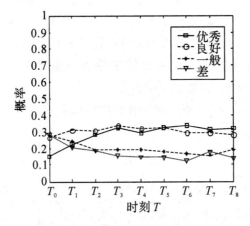

图 7.8　实施防御后的健康性状态概率分布

仿真结果表明,基于动态贝叶斯网络的模型和方法可有效评估网络生态系统的健康性,通过各时间片系统健康性的持续感知和分析,可以明确系统的健康状态,预判影响系统作用发挥的关键因素和薄弱环节,为人为控制干预提供参考,进一步提升系统的安全性。

3. 度量结果分析

(1)网络生态系统健康性状态概率变化表明,遭受网络攻击后,健康性为优秀的概率下降,健康性为差的概率上升。

(2)由数据可以看出,网络生态系统健康性与系统结构、系统功能、任务支撑能力均呈正相关。基于动态贝叶斯网络和模糊综合评价方法的网络生态健康性综合应用度量模型能够有效反映健康性的积累因素，结果与实际情况相符。

（3）运用动态贝叶斯网络进行网络生态系统健康性度量，能求出各时间节点的健康性值；通过对比分析，能找出影响系统作用发挥的关键因素和薄弱环节。

（4）动态贝叶斯网络推理对从静态度量获得的信息和上一时刻的推理信息进行了保存、积累和学习。因此，随着时间的推移，系统收集到的确定数据和信息越来越多，动态贝叶斯网络推理预测的准确性不断提高，与静态度量方法的结合有效克服了动态贝叶斯推理的不确定性，可以为战场提供实时有效的辅助决策信息。

本 章 小 结

本章从度量方法设计的基本原则入手，研究设计了静态度量方法与动态贝叶斯网络的动态度量方法相结合的网络空间生态健康性度量方法，并给出了系统指标的静态和动态度量方法的具体实施，探索了层次化建模和指标计算、基于模糊综合评价的动态方法以及基于动态贝叶斯网络的动态度量的综合运用与仿真分析。

附　录　网络生态系统健康性指标及计算

　　下面为网络生态系统健康性指标及计算，其中附图 1 为网络生态系统健康性度量指标体系，附表 1～附表 9 分别为复杂网络常用统计参量、权重判断标度表、常见模糊算子比较、基础指标度量、各级指标权重、模糊综合评价隶属度矩阵、准则层 A 系统结构准则模糊评价结果、准则层 A 系统功能准则模糊评价结果、准则层 A 任务支撑能力模糊评价结果。

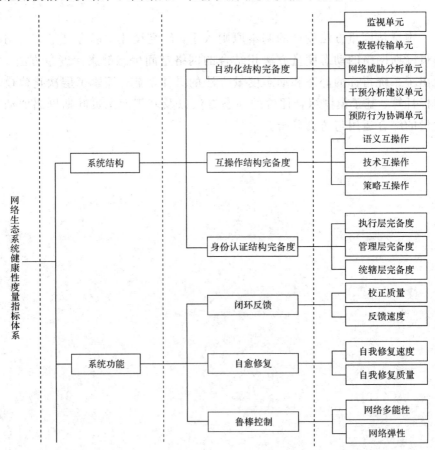

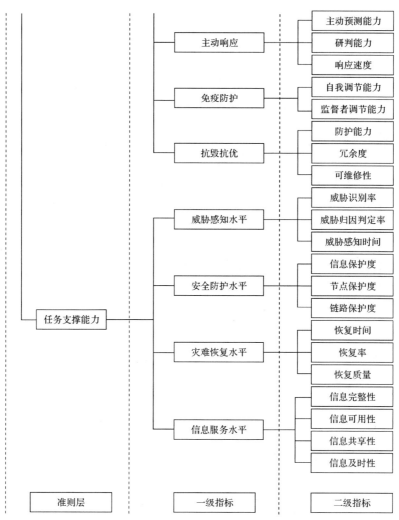

附图1　网络生态系统健康性度量指标体系

附表1　复杂网络常用统计参量

序号	参数名称	计算公式	物理含义
1	介数	$B_l = \sum_{i \neq j} \dfrac{\text{Num}_{ij}(l)}{\text{Num}_{ij}}$	表示系统网络中所有的最短路径中经过该节点的数量比例。节点的介数越大，节点在网络中扮演的角色越重要

续表

序号	参数名称	计算公式	物理含义
2	平均路径长度	$L=\dfrac{1}{N(N-1)}\sum_{i\neq j}d_{ij}$	表示系统网络中节点 i 与节点 j 之间距离的平均值。平均路径长度越小，网络中各节点连接越紧密，系统效率越高
3	结构度分布	入度 $k_i^{in}=\sum\limits_{j=1}^{n}a_{ji}$ 出度 $k_i^{out}=\sum\limits_{j=1}^{n}a_{ij}$	表示系统单元的连接情况，反映了不同的系统单元的地位差异和重要程度
4	节点聚集系数	$J_i=\dfrac{2E_i}{k_i(k_i-1)}$	节点聚集系数是指与节点 i 相邻节点之间实际连边的数目占最大连边数目的比例，间接刻画了系统的互通程度
5	结构直径	$D(G)=\max l_{ij}$	系统的结构直径反映了系统结构整体的连通性
6	介数分布	$BC_i=\sum\limits_{\forall v_j,\ v_k\in V,\ j\neq k}\dfrac{\sigma_{jk}(i)}{\sigma_{jk}}$	表示系统单元节点介数服从的分布规律，是系统结构散度、扁平度的重要参数

附表 2　权重判断标度表

标　度	含　义
1	两项指标同样重要
3	两项指标，前者较后者稍微重要或有优势
5	两项指标，前者较后者比较重要或有优势
7	两项指标，前者较后者十分重要或有优势
9	两项指标，前者较后者绝对重要或有优势
2, 4, 6, 8	介于上述相邻两标准中间程度的标度
备注	相反的标度取数值的倒数

附表 3　常见模糊算子比较

算子类型	计算公式	权重作用	综合程度	判断矩阵利用程度
主因素决定型	$b_j = \max_{1<i<n}\{\min(w_i, r_{ij})\}$	不明显	弱	不充分
主因素突出型	$b_j = \max_{1<i<n}\{w_i r_{ij}\}$	明显	弱	不充分
不均匀平均型	$b_j = \min\left\{1, \sum_{i=1}^{n}\min(w_i, r_{ij})\right\}$	不明显	强	较充分
加权平均型	$b_j = \sum_{i=1}^{n} w_i r_{ij}$	明显	强	充分

附表 4　基础指标度量

目标层	准则层	一级指标	二级指标	指标类型	数据来源
网络生态系统健康性	系统结构	自动化结构完备度	监视单元	定性指标	现场调查专家意见
			数据传输单元	定性指标	现场调查专家意见
			网络威胁分析单元	定性指标	现场调查专家意见
			干预分析建议单元	定性指标	现场调查专家意见
			预防行为协调单元	定性指标	现场调查专家意见
		互操作结构完备度	语义互操作	定性指标	现场调查专家意见
			技术互操作	定性指标	现场调查专家意见
			策略互操作	定性指标	现场调查专家意见
		身份认证结构完备度	执行层完备度	定性指标	现场调查专家意见
			管理层完备度	定性指标	现场调查专家意见
			统辖层完备度	定性指标	现场调查专家意见

目标层	准则层	一级指标	二级指标	指标类型	数据来源
网络生态系统健康性	系统功能	闭环反馈	校正质量	定性指标	专家意见
			反馈速度	时间类指标	实兵演习、仿真实验测量计算
		自愈修复	自我修复速度	时间类指标	实兵演习、仿真实验测量计算
			自我修复质量	定性指标	专家意见
		鲁棒控制	网络多能性	网络结构类指标	复杂网络分析方法计算
			网络弹性	网络结构类指标	复杂网络分析方法计算
		主动响应	主动预测能力	比例类指标	实兵演习、仿真实验测量计算
			研判能力	定性指标	专家意见
			响应速度	时间类指标	实兵演习、仿真实验测量计算
		免疫防护	自我调节能力	定性指标	实兵演习、仿真实验测量计算
			监管者调节能力	定性指标	实兵演习、仿真实验测量计算
		抗毁抗扰	防护能力	比例类指标	实兵演习、仿真实验测量计算
			冗余度	网络结构类指标	复杂网络分析方法计算
			可维修性	定性指标	专家意见
	任务支撑能力	威胁感知水平	威胁识别率	比例类指标	实兵演习、仿真实验测量计算
			威胁归因判定率	比例类指标	实兵演习、仿真实验测量计算
			威胁感知时间	时间类指标	实兵演习、仿真实验测量计算
		安全防护水平	信息保护度	比例类指标	实兵演习、仿真实验测量计算
			节点保护度	比例类指标	实兵演习、仿真实验测量计算
			链路保护度	比例类指标	实兵演习、仿真实验测量计算

目标层	准则层	一级指标	二级指标	指标类型	数据来源
网络生态系统健康性	任务支撑能力	灾难恢复水平	恢复时间	时间类指标	实兵演习、仿真实验测量计算
			恢复率	比例类指标	实兵演习、仿真实验测量计算
			恢复质量	定性指标	专家意见
		信息服务水平	信息完整性	比例类指标	实兵演习、仿真实验测量计算
			信息可用性	比例类指标	实兵演习、仿真实验测量计算
			信息共享性	比例类指标	实兵演习、仿真实验测量计算
			信息及时性	时间类指标	实兵演习、仿真实验测量计算

附表5　各级指标权重

目标层	准则层	权重	一级指标	权重	二级指标	权重
CHE	A_1	0.3333	B_{11}	0.0564	C_{111}	0.0160
					C_{112}	0.0185
					C_{113}	0.0086
					C_{114}	0.0066
					C_{115}	0.0067
			B_{12}	0.1291	C_{121}	0.0533
					C_{122}	0.0423
					C_{123}	0.0336
			B_{13}	0.1478	C_{131}	0.0655
					C_{132}	0.0573
					C_{133}	0.0250

目标层	准则层	权 重	一级指标	权 重	二级指标	权 重
CHE	A_2	0.3333	B_{21}	0.0201	C_{211}	0.0101
					C_{212}	0.0101
			B_{22}	0.0233	C_{221}	0.0117
					C_{222}	0.0117
			B_{23}	0.0712	C_{231}	0.0237
					C_{232}	0.0475
			B_{24}	0.0679	C_{241}	0.0163
					C_{242}	0.0142
					C_{243}	0.0373
			B_{25}	0.0266	C_{251}	0.0200
					C_{252}	0.0067
			B_{26}	0.1242	C_{261}	0.0694
					C_{262}	0.0151
					C_{263}	0.0397
	A_3	0.3333	B_{31}	0.0767	C_{311}	0.0329
					C_{312}	0.0110
					C_{313}	0.0329
			B_{32}	0.1005	C_{321}	0.0603
					C_{322}	0.0201
					C_{323}	0.0201
			B_{33}	0.0367	C_{331}	0.0073
					C_{332}	0.0220
					C_{333}	0.0073
			B_{34}	0.1195	C_{341}	0.0125
					C_{342}	0.0577
					C_{343}	0.0219
					C_{344}	0.0274

附表6　模糊综合评价隶属度矩阵

度 量 指 标	优 秀	良 好	一 般	差
监视单元	0.63	0.37	0	0
数据传输单元	0.4	0.5	0.1	0
网络威胁分析单元	0.4	0.6	0	0
干预分析建议单元	0.2	0.4	0.4	0
预防行为协调单元	0	0.4	0.5	0.1
语义互操作	0.6	0.3	0.1	0
技术互操作	0.2	0.7	0.1	0
策略互操作	0.3	0.5	0.2	0
执行层完备度	0.2	0.7	0.1	0
管理层完备度	0.8	0.2	0	0
统辖层完备度	0	0.75	0.25	0
校正质量	0.46	0.54	0	0
反馈速度	0.8	0.2	0	0
自我修复速度	0.5	0.5	0	0
自我修复质量	0	0.46	0.54	0
网络多能性	0	0.57	0.43	0
网络弹性	0	0.78	0.22	0
主动预测能力	0	0.65	0.35	0
研判能力	0	0	0.8	0.2
响应速度	0.86	0.14	0	0

续表

度量指标	优秀	良好	一般	差
自我调节能力	0	0.43	0.57	0
监管者调节能力	0	0.2	0.8	0
防护能力	0.43	0.57	0	0
冗余度	0	0.33	0.67	0
可维修性	0.4	0.5	0	0.1
威胁识别率	0.34	0.66	0	0
威胁归因判定率	0	0.78	0.22	0
威胁感知时间	0.67	0.33	0	0
信息保护度	0.25	0.75	0	0
节点保护度	0.33	0.67	0	0
链路保护度	0	0.82	0.18	0
恢复时间	0.6	0.4	0	0
恢复率	0.43	0.57	0	0
恢复质量	0	0.6	0.3	0.1
信息完整性	0	0.4	0.4	0.2
信息可用性	0.3	0.7	0	0
信息共享性	0.2	0.6	0	0.2
信息及时性	0.5	0.5	0	0

附表 7　准则层 A 系统结构准则模糊评价结果

指标权重	$\boldsymbol{W}_{C1}=(0.093\ \ 0.115\ \ 0.051\ \ 0.038\ \ 0.036\ \ 0.137$ $0.109\ \ 0.087\ \ 0.148\ \ 0.129\ \ 0.056)$
隶属度矩阵	$\boldsymbol{R}_1=\begin{bmatrix} 0.6 & 0.3 & 0.1 & 0 \\ 0.4 & 0.5 & 0 & 0 \\ 0.4 & 0.6 & 0 & 0 \\ 0.2 & 0.4 & 0.4 & 0 \\ 0 & 0.4 & 0.5 & 0.1 \\ 0.6 & 0.3 & 0.1 & 0 \\ 0.2 & 0.7 & 0.1 & 0 \\ 0.3 & 0.5 & 0.2 & 0 \\ 0.2 & 0.7 & 0.1 & 0 \\ 0.8 & 0.2 & 0 & 0 \\ 0 & 0.75 & 0.25 & 0 \end{bmatrix}$
准则 $\boldsymbol{A}_1$ 模糊评价结果	$\boldsymbol{A}_1=(0.393\ \ 0.478\ \ 0.125\ \ 0.004)$

附表 8　准则层 A 系统功能准则模糊评价结果

指标权重	$\boldsymbol{W}_{C2}=(0.030\ \ 0.030\ \ 0.035\ \ 0.035\ \ 0.071\ \ 0.143$ $0.049\ \ 0.041\ \ 0.112\ \ 0.059\ \ 0.020\ \ 0.208$ $0.045\ \ 0.119)$
隶属度矩阵	$\boldsymbol{R}_2=\begin{bmatrix} 0.46 & 0.54 & 0 & 0 \\ 0.8 & 0.2 & 0 & 0 \\ 0.5 & 0.5 & 0 & 0 \\ 0 & 0.46 & 0.54 & 0 \\ 0 & 0.57 & 0.43 & 0 \\ 0 & 0.78 & 0.22 & 0 \\ 0 & 0.65 & 0.35 & 0 \\ 0 & 0 & 0.8 & 0.2 \\ 0.86 & 0.14 & 0 & 0 \\ 0 & 0.43 & 0.57 & 0 \\ 0 & 0.2 & 0.8 & 0 \\ 0.43 & 0.57 & 0 & 0 \\ 0 & 0.33 & 0.67 & 0 \\ 0.4 & 0.5 & 0 & 0.1 \end{bmatrix}$
准则 $\boldsymbol{A}_2$ 模糊评价结果	$\boldsymbol{A}_2=(0.289\ \ 0.483\ \ 0.212\ \ 0.016)$

附表 9　准则层 A 任务支撑能力准则模糊评价结果

指标权重	$W_{C3}=(0.098\ \ 0.033\ \ 0.098\ \ 0.181\ \ 0.060\ \ 0.060$ $0.022\ \ 0.067\ \ 0.022\ \ 0.037\ \ 0.175$ $0.064\ \ 0.082)$
隶属度矩阵	$$R_3=\begin{bmatrix} 0.34 & 0.66 & 0 & 0 \\ 0 & 0.78 & 0.22 & 0 \\ 0.67 & 0.33 & 0 & 0 \\ 0.25 & 0.75 & 0 & 0 \\ 0.33 & 0.67 & 0 & 0 \\ 0 & 0.82 & 0.18 & 0 \\ 0.6 & 0.4 & 0 & 0 \\ 0.43 & 0.57 & 0 & 0 \\ 0 & 0.6 & 0.3 & 0.1 \\ 0 & 0.4 & 0.4 & 0.2 \\ 0.3 & 0.7 & 0 & 0 \\ 0.2 & 0.6 & 0 & 0.2 \\ 0.5 & 0.5 & 0 & 0 \end{bmatrix}$$
准则 A_3 模糊评价结果	$A_3=(0.313\ \ \ 0.625\ \ \ 0.040\ \ \ 0.023)$

参 考 文 献

[1] Enabling distributed security in cyberspace：building a healthy and resilient cyber ecosystem with automated collective action ［R］. Argonne National Laboratory，American，2011.

[2] Jabeur N，Sahli N，Zeadally S. Enabling cyber physical systems with wireless sensor networking technologies，multiagent system paradigm，and natural ecosystems[J]. Mobile Information Systems，2015，15(6)：1 - 15.

[3] Vollmer T，Manic M，Linda O. Autonomic intelligent cyber-sensor to support industrial control network awareness ［J］. IEEE Transactions on Industrial Informatics，2014，10(10)：1647 - 1658.

[4] 习近平. 决胜全面建成小康社会夺取新时代中国特色社会主义伟大胜利[R]. 北京：中国共产党第十九次全国代表大会，2017.

[5] 陈森. 网络空间防御非传统理念及其相关技术进展[J]. 现代军事，2016 (4)：86 - 91.

[6] 杨林，于全. 动态赋能网络空间防御[M]. 北京：人民邮电出版社，2016.

[7] 胡毅勋，郑康峰，杨义先，等. 基于 OpenFlow 的网络层移动目标防御方案[J]. 通信学报，2017，38(10)：103 - 112.

[8] 张庆锋. 网络生态论[J]. 情报资料工作，2000 (04)：2 - 4.

[9] 冯燕春. 我国网络生态系统建设思考[N]. 中国网信网，2015.

[10] 娄策群. 信息生态系统理论及其应用研究[M]. 北京：中国社会科学出版社，2014.

[11] 胡晓峰. 战争科学论：认识和理解战争的科学基础与思维方法[M]. 北京：科学出版社，2018.

[12] 郭贵春. 自然辩证法概论[M]. 北京：高等教育出版社，2013.

[13] Shawn Riley. What is a Cyber Ecosystem? http：//www. linkedin. com/pulse/20141010125158-36149934-what-is-a-cyber-ecosystem.

[14] 倪光南. 信息安全"本质"是自主可控[J]. 中国经济和信息化，2013，

3(5)：18-19.

[15] 沈昌祥，张大伟，刘吉强，等. 可信3.0战略：可信计算的革命性演变[J]. 中国工程科学，2016，18(6)：53-57.

[16] 沈昌祥. 用可信计算构筑智能城市安全生态圈[J]. 网信军民融合，2017(4)：19-23.

[17] 吴建平，李丹，毕军，等. ADN：地址驱动的网络体系结构[J]. 计算机学报，2016，39(6)：1081-1091.

[18] 郭畅，沈晴霓，吴中海. 防止数据泄露的云存储数据分布优化模型[J]. 电子科技大学学报，2016，45(1)：118-122.

[19] 杨义先，钮心忻. 安全通论(2)：攻防篇之"盲对抗"[J]. 北京邮电大学学报，2016，39(2)：113-118.

[20] 刘功申，邱卫东，孟魁，等. 基于真实数据挖掘的口令脆弱性评估及恢复[J]. 计算机学报，2016，39(3)：454-467.

[21] 胡晓峰，许相莉，杨镜宇. 基于体系视角的赛博空间作战效能评估[J]. 军事运筹与系统工程，2013，27(1)：5-9.

[22] 张维明，杨国利，朱承，等. 网络信息体系建模、博弈与演化研究[J]. 指挥与控制学报，2016，2(4)：265-271.

[23] 苏金树. 网络空间信息基础设施核心要素的自主之路[J]. 信息安全研究，2016，16(5)：462-466.

[24] 罗兴国，仝青，张铮，等. 拟态防御技术[J]. 中国工程科学，2016，18(6)：69-73.

[25] 邬江兴. 网络空间拟态防御研究[J]. 信息安全学报，2016，1(4)：1-10.

[26] Rui M, Wang D G, Hu C Z, et al. Test data generation for stateful network protocol fussing using a rule-rased state machine [J]. Tsinghua Science and Technology, 2016, 21(3)：352-360.

[27] 熊钢，兰巨龙，胡宇翔，等. 基于可信度量的网络组件性能评估方法[J]. 通信学报，2016(3)：117-128.

[28] 李建东，滕伟，盛敏，等. 超高密度无线网络的自组织技术[J]. 通信学报，2016，37(7)：30-37.

[29] 赵季红，闫飞宇，曲桦，等. 整体优化的吞吐量预测中继选择策略[J]. 北京邮电大学学报，2016，39(2)：35-39.

[30] 伍文，孟相如，马志强，等. 模块化动态博弈的网络可生存性态势跟踪方法[J]. 西安交通大学学报（自然科学版），2014，46(12)：18 - 23.

[31] GuY，Wang D S，Liu C Y. DR - cloud：multi-cloud based disaster recovery service[J]. Tsinghua Science and Technology，2014，19 (1)：13 - 23.

[32] 魏明军，王月月，金建国. 一种改进免疫算法的入侵检测设计[J]. 西安电子科技大学学报，2016，43(2)：126 - 131.

[33] 石乐义，刘德莉，邢文娟，等. 基于自适应遗传算法的拟态蜜罐演化策略[J]. 华中科技大学学报（自然科学版），2015，43(5)：53 - 68.

[34] 王东霞，冯学伟，赵刚. 动目标防御机制[J]. 信息网络安全，2014 (9)：98 - 100.

[35] 胡晓峰，贺筱媛，饶德虎. 基于复杂网络的体系作战协同能力分析方法研究[J]. 复杂系统与复杂性科学，2015，12(2)：9 - 17.

[36] 蓝羽石，王珩，张刚宁，等. C～4 ISR 系统网络中心体系架构[J]. 指挥信息系统与技术，2013，13(6)：1 - 6.

[37] 杨迎辉，李建华，王刚，等. 基于超网络的作战信息流转建模及特性分析[J]. 复杂系统与复杂科学，2016，13(3)：8 - 18.

[38] Godspower O，Victor A. Study of information and communication technology maturity and value：the relationship [J]. Egyptian Informatics Journal，2016，17(3)：239 - 249.

[39] Daniel R，Shahram M，Thomas M，et al. The relationship of technology and design maturity to DoD weapon system cost change and schedule change during engineering and manufacturing development [J]. Systems Engineering，2015，18(1)：1 - 15.

[40] 王飞跃. 指控 5.0：平行时代的智能指挥与控制体系[J]. 指挥与控制学报，2015，1(1)：107 - 120.

[41] 白天翔，徐德，王飞跃. 局域网络化自主作战的概念与展望[J]. 指挥与控制学报，2017，3(1)：1 - 9.

[42] 杨良选. 技术成熟度多维评估模型研究[D]. 长沙：国防科学技术大学，2011.

［43］ 卜广志. 武器装备体系的技术成熟度评估方法［J］. 系统工程理论与实践，2011，31(10)：1994－2000.

［44］ 许丹，李翔，汪小帆. 局域世界复杂网络中的病毒传播及其免疫控制［J］. 控制与决策，2006，21(7)：817－820.

［45］ 裴伟东，刘忠信，陈增强，等. 无标度网络中最大传染能力限定的病毒传播问题研究［J］. 物理学报，2008，8(11)：67－79.

［46］ 鲁延玲，蒋国平，宋玉蓉. 自适应网络中病毒传播的稳定性和分岔行为研究［J］. 物理学报，2013，62(13)：22－30.

［47］ Mieghem P. Epidemic phase transition of the SIS type in network［J］. Euro Physics Letters，2012，97(4)：48004(1－5).

［48］ 巩永旺，宋玉蓉，蒋国平. 移动环境下网络病毒传播模型及其稳定性研究［J］. 物理学报，2012，61(11)：1－8.

［49］ 顾海俊，蒋国平，夏玲玲. 基于状态概率转移的 SIRS 病毒传播模型及其临界值分析［J］. 计算机科学. 2016，43(S1)：64－67.

［50］ 关治洪，亓玉娟，姜晓伟，等. 基于复杂网络的病毒传播模型及其稳定性［J］. 华中科技大学学报(自然科学版). 2011，39(1)：114－117.

［51］ Chen D Y，Zhao W L，Liu X Z. Synchronization and antisynchronization of a class of chaotic systems with nonidentical orders and uncertain parameters［J］. Journal of Computational and Nonlinear Dynamics，2015，10(1)：1－8.

［52］ TU L L，Xiong A M. Adaptive synchronization for general delayed complex networks with external disturbance［J］. Wuhan University Journal of Natural Sciences，2013，18(1)：29－36.

［53］ Luis M，Sara F. Complete synchronization and delayed synchronization in couplings［J］. Nonlinear Dynamics. 2015，79(2)：1615－1624.

［54］ 韦相，赵军产. 参数未知耦合时滞不同复杂网络的广义同步［J］. 控制理论与应用，2016，33(6)：825－831.

［55］ 高洋，李丽香，彭海朋，等. 多重多融合复杂动态网络的自适应同步［J］. 物理学报，2008，57(4)：2081－2091.

［56］ 赵明，周涛，陈关荣，等. 复杂网络上动力系统同步的研究进展Ⅱ：

如何提高网络的同步能力[J]. 物理学进展, 2008 (1): 22 - 34.

[57] 张檬, 吕翎, 吕娜, 等. 结构与参量不确定的网络与网络之间的混沌同步[J]. 物理学报, 2012, 61 (22): 1 - 5.

[58] 郝修清, 李俊民. 非一致节点的未知复杂动态网络的自适应同步[J]. 西安电子科技大学学报, 2014, 41(04): 71 - 76.

[59] Muhammad S, Muhammad R. A concept of coupled chaotic synchronous observers for nonlinear and adaptive observers-based chaos synchronization [J]. Nonlinear Dynamics, 2016, 84(4): 2251 - 2272.

[60] 赵利平, 席欢. 美国空军《网络空间司令部战略构想》简析[J]. 国防, 2008, 8(8): 67 - 70.

[61] 杨茜, 冯筱刚. 军队网络空间作战能力的建设[J]. 计算机与网络, 2012, 12(1): 52 - 54.

[62] 黄强, 常乐, 张德华, 等. 基于可信计算基的主机可信安全体系结构研究[J]. 信息网络安全, 2016, 16(7): 78 - 84.

[63] Rapid attack detection, isolation and characterization [R]. Defense Advanced Research Projects Agency, 2017.

[64] Alberts. D, Garstka J. 网络中心行动的基本原理及其度量 [M]. 兰科研究中心, 译. 北京: 国防工业出版社, 2007.

[65] Michal C, Rafal K, Maria P, et al. Comprehensive approach to increase cyber security and resilience[C]. Proceeding of IEEE the 10th International Conference on Availability, Reliability and Security. Toulouse, 2016: 686 - 692.

[66] 徐锐, 陈剑峰. 网络空间安全协同防御体系研究[J]. 通信技术, 2016, 49(1): 92 - 96.

[67] 李博. 生态学[M]. 北京: 高等教育出版社, 2000.

[68] 盖光. 生态有机性与人的健康性生存[J]. 鄱阳湖学刊, 2013(4): 5 - 12.

[69] 马捷, 胡漠, 张海涛. 基于生态化程度测评的网络信息生态系统进化研究[J]. 情报资料工作, 2015(4): 6 - 12.

[70] Alberts. D. S. Agility advantage: a survival guide for complex enterprises and endeavors [R]. Office of the Assistant Secretary of Defense, American, 2016.

[71] Wang Y N, Lin Z Y, Liang X, et al. On modeling of electrical cyber-physical systems considering cyber security [J]. Journal of Zhejiang University Science C, 2016, 17(5): 465-478.

[72] 蓝羽石, 毛少杰, 王珩. 指挥信息系统结构理论与优化方法[M]. 北京: 国防工业出版社, 2015.

[73] 梁宁宁, 兰巨龙, 张震. 基于业务需求的动态服务承载网构建算法 [J]. 信息工程大学学报, 2016, 17(1): 21-25.

[74] 张强, 李建华, 沈迪, 等. 复杂网络理论的作战网络动态演化模型 [J]. 哈尔滨工业大学学报, 2015, 47(10): 106-112.

[75] 哈军贤, 王劲松. 基于系统动力学的网络空间作战指挥效能评估 [J]. 指挥控制与仿真, 2016, 38(3): 70-75.

[76] Li C C, Jiang G P, Song Y R. Comparative effects of avoidance and immunization on epidemic spreading in a dynamic small-world network with community structure [J]. Wuhan University Journal of Natural Sciences, 2016, 21(4): 291-297.

[77] 陈娟, 陆君安. 复杂网络中尺度研究揭开网络同步化过程[J]. 电子科技大学学报, 2012, 41(1): 8-16.

[78] 伍文, 孟相如, 马志强, 等. 三方动态博弈网络可生存性策略选择 [J]. 应用科学学报, 2014, 32(4): 365-371.

[79] 曹傧, 孙曦, 李云, 等. 考虑竞争的纳什均衡协作通信传输策略[J]. 西安电子科技大学学报, 2015, 42(6): 145-151.

[80] 魏志强, 周炜, 任相军, 等. 普适计算环境中防护策略的信任决策机制研究[J]. 计算机学报, 2012, 35(5): 871-882.

[81] Daniel C, Fabio K, Norris K. Designing a maturity model for software startup ecosystems [J]. Lecture Notes in Computer Science, 2015, 9459(01): 600-606.

[82] Andreas S, Selim E, Wilfried S. A maturity model for assessing industry 4.0 readiness and maturity of manufacturing enterprises [J]. Procedia CIRP, 2016, 52(1): 161-166.

[83] Zegzhda D, Stepanova T. Approach to APCS protection from cyber threats [J]. Automatic Control and Computer Sciences, 2015, 49

(8)：659 - 664.

[84] Hamish. H, Gregory E, Haider M. Anonymity networks and the fragile cyber ecosystem [J]. Network Security, 2016, 2016(3)：10 - 18.

[85] Vahid G, Michal F, Tuna H. Software test maturity assessment and test process improvement：a multivocal literature review ［J］. Information and Software Technology, 2017, 17(85)：16 - 42.

[86] David R, Johannes E, Robert W, et al. Closing the loop：evaluating a measurement instrument for maturity model design ［C］. Proceeding of IEEE 2016 49th Hawaii International Conference on System Sciences, 2016：4444 - 4453.

[87] 赵有, 阙秀炼, 翟海英, 等. 信息通信集约精益管理成熟度评价体系研究[J]. 电力学报. 2014, 123(6)：548 - 553.

[88] Alberts D S. NATO NEC C2 maturity model ［R］. Washington：DOD Command and Control Research Program, 2010.

[89] 张义, 鲍广宇, 姜志平, 等. 基于 CMM 的指挥控制能力成熟度模型 [J]. 指挥控制与仿真. 2013(3)：6 - 13.

[90] Jin Y, Wang L, Shang Y, et al. Function projective synchronization between two different complex networks with correlater random dissturbances[J]. Chinese Physisc B, 2015, 24(4)：1 - 8.

[91] 朱明杰. 基于 CMM 的软件行业企业文化成熟度模型构建及应用研究[D]. 重庆：重庆工商大学, 2015.

[92] 孙玺菁, 司守奎. 复杂网络算法与应用[M]. 北京：国防工业出版社, 2015.

[93] Kevin C, Mary R. Modeling trust in ELICIT-WEL to capture the impact of organization structure on the agility of complex networks ［R］. Adelphi：US Army Research Laboratory, 2012.

[94] Christos T, Timo K, Carlo G. Architecting dynamic cyber-physical spaces ［J］. Computing, 2016, 98(10)：1011 - 1040.

[95] 冯朝胜, 秦志光, 袁丁. 移动 P2P 网络中的病毒传播建模[J]. 电子科技大学学报, 2012, 41(1)：98 - 103.

[96] Wang Y Q, Yang X Y. Virus spreading in wireless sensor networks

with a medium access control mechanism [J]. Chinese Physics. B, 2013, 22(4): 040206(1 - 5).

[97] Wu Q C, Fu X C, Jin Z, et al. Influence of dynamic immunization on epidemic spreading innetworks[J]. Physica A: Statistical Mechanics and Its Applications, 2015, 41(9): 566 - 574.

[98] Scott M, Seli A. Ameasurable definition of resiliency using 'mission risk' as a metric [R]. Mitre Technical Report 14 - 0047, Mclan, VA: Mitre Corporation, 2014.

[99] Nurul A, Nor L. Resilient organization: modelling the capacity for resilience [C]. Proceeding of IEEE 3th International Conference on Research and Innovation in Information System, 2013: 319 - 324.

[100] Wu G Y, Sun J, Chen J. A survey on the security of cyber-physical systems [J]. Control Theory and Technology, 2016, 14(1): 2 - 10.

[101] Menacer, Tidiani. Control of a fractional jerk equation using the fractional Routh-Hurwitz criteria [C]. Proceeding of IEEE Systems and Control, 2015: 351 - 356.

[102] 刘江, 张红旗, 代向东, 等. 基于端信息自适应跳变的主动网络防御模型[J]. 2015, 37(11): 2642 - 2649.

[103] Liu L X, Ling R, Bei X M, et al. coexistence of synchronization and anti-synchronization of a novel hyperchaotic finance system [C]. IEEE Proceeding of the 34th Chinese Control conference, 2015: 8585 - 8589.

[104] Arie R, Miri P, Shahaf W. Distributed network synchronization [C]. IEEE Proceeding of International Conference on Microwaves, Communications, Antennas and Electronic Systems, Tel - Aviv, 2015: 15 - 19.

[105] 方锦清, 汪小帆, 郑志刚. 非线性网络的动力学复杂性研究[J]. 物理学进展, 2009, 29(1): 1 - 74.

[106] 吕金虎. 复杂网络的同步: 理论、方法、应用与展望[J]. 力学进展, 2008, 38(6): 713 - 722.

[107] 汪小帆, 李翔, 陈关荣. 复杂网络理论及其应用[M]. 北京: 清华大

学出版社，2006.

[108] 周光炎. 免疫学原理[M]. 北京：科学出版社，2013.

[109] 金伯泉，熊思东. 医学免疫学[M]. 北京：人民卫生出版社，2011.

[110] 刘焱序，彭建，汪安，等. 生态系统健康研究进展 [J]. 系统学报，
2015，35(18)：5920－5930.

[111] Rapport D J. What constitute ecosystem health [J]. Perspec Biol.
Med，1989，21(33)：120－132.

[112] Duggan Ew，Rcichgelt H. 度量信息系统交付质量[M]. 赵皑，罗
云锋，译. 北京：电子工业出版社，2012.

[113] 王斌君，吉增瑞. 信息安全技术体系研究 [J]. 计算机应用，2009，
29(S1)：59－62.

[114] 许相莉，胡晓峰. 一种基于复杂网络理论的网络空间作战效能评估
指标体系框架[J]. 军事运筹与系统工程，2014，28(1)：33－41.

[115] 金朝，杨文，李英华. 指挥信息系统信息网络安全控制研究[J]. 火
力与指挥控制，2014，39(11)：97－100.

[116] 王磊. C～4ISR 体系结构服务视图建模描述与分析方法研究[D].
长沙：国防科学技术大学，2011.

[117] 蓝羽石，邓克波，毛少杰. 网络中心化军事信息系统能力评估[J].
指挥信息系统与技术. 2012，3(1)：1－7.

[118] Kozik R，Choras M. Current cyber security threats and challenges
in critical infrastructures protection[C]. 2013 Second international
conference on informatics & applications，2013(6)：93－97.

[119] Rossouw S，Basie S. National cyber security in South Africa：A
letter to minister of cyber security [C]. 10th international
conference on Cyber warfare and Security (ICCWS 2015)，Krouger
National Park，South Africa，24－25 march 2015 Army War Coll，
Carlisle Barracks，Pa，March，2013(9)：369－375.

[120] 昝林萍，刘建华，王倩. 公众网络身份生态系统的模型研究[J]. 计
算机与数字工程，2015，43(2)：277－281.

[121] 戴志平，许同和，赵国林. 信息化条件下的网络中心战[M]. 北京：
军事谊文出版社，2010.

[122] 曹振飞. 网络社会生态系统中信息流动的模型研究[J]. 技术与创新管理，2010，31(6)：684-688.

[123] Wang Y F, Yan Z, The cross space transmission of cyber risks in electric cyber-physical systems [C]. 2015 11ᵗʰ International Conference on Natural Computation，2015(6)：1275-1279.

[124] 王甲生，吴晓平，叶清，等. 灰色信息条件下的加权复杂网络抗毁性[J]. 海军工程大学学报，2014，26(1)：42-47.

[125] 李艳红，徐玮. 一个新的信息系统敏捷性度量模型[J]. 计算机工程与应用，2010，46(13)：221-223+232.

[126] 原亮，陈立云，满梦华，等. 基于电磁防护仿生方法的赛博空域鲁棒性研究[J]. 军械工程学院学报. 2013，25(4)：28-38.

[127] Wang Y,Kobsa A. Privacy in Online Social Networking at Workplace [C]. 2009 International Conference on Computational Science and Engineering，2009(4)：975-978.

[128] 邓志宏，老松杨. 赛博空间概念框架及赛博空间作战机理研究[J]. 军事运筹与系统工程，2013，27(3)：28-31.

[129] 赵宗贵，李君灵，王珂. 战场态势估计概念、结构与效能[J]. 中国电子科学研究院学报，2010，5(3)：226-230.

[130] 季明，马力. 面向体系效能评估的仿真实验因素与指标选择研究[J]. 军事运筹与系统工程，2014，28(3)：61-65.

[131] 谢四江，查雅行，池亚平. 一种基于可信等级的安全互操作模型[J]. 计算机应用研究，2012，29(5)：1922-1925.

[132] 周长春，田晓丽，张宁，等. 云计算中身份认证技术研究[J]. 计算机科学，2016，43(S1)：339-341.

[133] 熊俊. 用户身份认证技术在计算机信息安全中的应用[J]. 信息安全与技术，2013，13(6)：33.

[134] 刘杰，曾浩洋，田永春，等. 动态弹性安全防御技术及发展趋势[J]. 通信技术，2015，48(2)：117-124.

[135] 时伟，吴琳，胡晓峰，等. 指挥信息系统体系抗毁性仿真研究[J]. 计算机仿真，2013，30(8)：5-9.

[136] 马润年，文刚，蔺根茂，等. 链路赋权军事通信网的抗毁性评估

[J]. 电光与控制，2013，20(10)：11－13＋32.

[137] 王班，马润年，王刚. 基于自然连通度的复杂网络抗毁性研究[J].
计算机仿真，2015，32(8)：315－318.

[138] 王刚，胡鑫，陈彤睿，等. 网络生态系统的结构建模与演化[J]. 装
甲兵工程学院学报，2018，32(1)：72－79.

[139] Albert R，Jeong H，Barabasi A L. Attack and error tolerance in
complex networks [J]. Nature，2000，20(6794)：387－482.

[140] 杨垚，修保新，杨婷婷，等. 敏捷 C2 组织鲁棒性研究[J]. 指挥控制
与仿真，2014，36(4)：1－6.

[141] 胡鑫，王刚. 网络空间生态成熟度建模[J]. 系统工程与电子技术，
2018，40(10)：2363－2369.

[142] 马润年，王班，王刚，等. 基于互信息的通信网络节点重要性度量
方法[J]. 电子学报，2017，45(3)：747－752.

[143] 沈迪，李建华，张强，等. 军事信息栅格级联失效模型及鲁棒性策
略研究[J]. 系统工程与电子技术，2015，37(2)：310－317.

[144] 侯向阳，吴柱. 网络效能度量模型探讨[J]. 计算机仿真，2013，30
(2)：30－33.

[145] 李小涛，胡晓惠，郭晓利，等. 基于元数据的复杂信息共享技术
[J]. 系统工程与电子技术，2015，37(3)：700－706.

[146] 杨迎辉，李建华，南明莉. 基于多元价值目标的体系作战信息流转
模式探析[J]. 火力与指挥控制，2015，40(3)：6－10.

[147] Lu S W，Wang G，Chen T R，et al. SEIRS model for virus
spreading with time delay[C]. 2018 International Conference on
Smart Materials，Intelligent and Autonmation，SMIMA，2018.

[148] Hu X，Wang G，Qin H T，et al. SIRS model and stability based on
open cyber ecosystem ［C］. Nan Jing：IEEE International
Conference on Cyber-Enabled Distributed Computing & Knowledge
Discovery，2017.

[149] Hu X，Lu S W，Wang G，et al. SEIQRS information diffusion model
with the change of nodes ［C］. Beijing：2017 2nd International
Conference on Communications，Information Management and Network

Security, 2017.

[150] 王刚, 胡鑫, 陆世伟, 等. 潜伏-隔离机制下的信息扩散拓展模型及稳定性[J]. 国防科技大学学报, 2018, 40(6): 124 - 128.

[151] 王刚, 陆世伟, 胡鑫, 等. "去二存一"混合机制下的病毒扩散模型及稳定性分析[J/OL]. 电子与信息学报: 1 - 8[2019 - 01 - 20]. http:// kns. cnki. net/ kcms/ detail/ 11. 4494. TN. 20180926. 1412. 010. html.

[152] 王刚, 胡鑫, 陆世伟. 节点增减机制下的病毒传播模型及稳定性[J]. 电子科技大学学报. 2019, 48(1): 74 - 79.

[153] 蒋国平, 樊春霞, 宋玉蓉, 等. 复杂动态网络同步控制及其在信息物理系统中的应用[J]. 南京邮电大学学报(自然科学版), 2010, 30(4): 41 - 51.

[154] Guo P L, Wang Y Z. Matrix expression and vaccination control for epidemic dynamics over dynamic networks [J]. Control Theory and Technology, 2016, 14(01): 39 - 48.

[155] 陈远强, 许弘雷. 时变时滞统一混沌系统的脉冲同步控制[J]. 系统工程理论与实践, 2012, 32(09): 1958 - 1963.

[156] Sivaganesh G. Master stability function for a class of coupled simple nonlinear electronic circuits [J]. Journal of the Korean Physical Society, 2016, 68(5): 628 - 632.

[157] Liao H T. Novel gradient calculation method for the largest Lyapunov exponent of chaotic systems [J]. Nonlinear Dynamics, 2016, 85(03): 1377 - 1392.

[158] Shu L, Zeng X L, Hong Y G. Lyapunov stability and generalized invariance principle for no convex differential inclusions [J]. Control Theory and Technology, 2016, 14(2): 140 - 150.

[159] 蔡娜, 井元伟, 张嗣瀛. 不同结构混沌系统的自适应同步和反同步[J]. 物理学报, 2009, 58(2): 802 - 813.

[160] Mossa M, sawalla A. Adaptive modified synchronization of hyperchaotic systems with fully unknown parameters [J]. Journal of Dynamic Control, 2016, 4(1): 23 - 30.

[161] Ke Y Q, Miao C F. Mittag-Leffler stability of fractional-order Lorenz and Lorenz-family systems [J]. Nonlinear Dynamics, 2016, 83(3): 1237 - 1246.

[162] Arie R, Miri P, Shahaf W. Distributed network synchronization [C]. Proceeding of International Conference on Microwaves, Communications, Antennas and Electronic Systems, Tel-Aviv: IEEE, 2015: 15 - 19.

[163] 陈天平, 卢文联. 复杂网络协调性理论[M]. 北京: 高等教育出版社, 2013.

[164] Javier A, Manuel A, Norelys C. On fractional extensions of Barbalat Lemma [J]. Systems & Control Letters, 2015, 84(1): 7 - 12.

[165] Sun K H, Wang Y, Wang Y L. Hyperchaos behaviors and chaos synchronization of two unidirectional coupled simplified Lorenz systems [J]. Journal of Central South University, 2014, 21(1): 948 - 955.

[166] 张国山, 牛弘. 一个基于 Chen 系统的新混沌系统的分析与同步[J]. 物理学报, 2012, 61(11): 1 - 11.

[167] 王刚, 胡鑫, 马润年, 等. 集体防御机制下的网络行动同步建模和稳定性[J]. 电子与信息学报, 2018, 40(6): 1515 - 1519.

[168] 王刚, 胡鑫, 马润年, 等. 集体防御机制下同质网络行动同步建模与控制[J]. 西安电子科技大学学报, 2018, 45(5): 89 - 95.

[169] 王刚, 胡鑫, 张含, 等. 对网络空间生态系统健康性度量的系统认知[J]. 装甲兵工程学院学报, 2017, 31(5): 60 - 65.

[170] 王欣, 姚佩阳, 周翔翔, 等. 基于任务的网络中心战作战同步能力度量[J]. 火力与指挥控制, 2013, 38(1): 96 - 101.

[171] 杨镜宇, 胡晓峰. 基于信息系统的体系作战能力评估研究[J]. 军事运筹与系统工程, 2011, 25(1): 11 - 14.

[172] 田少杰, 洪跃, 李阳. 基于模糊综合评价的健康评估系统开发[J]. 计算机工程与科学, 2014, 36(4): 685 - 689.

[173] 张国强. 信息系统灾难恢复能力评估指标体系及度量方法[D]. 郑州: 中国人民解放军信息工程大学, 2012.

[174] Borg A，Bjelland H，Nja O. Reflections on bayesian network models for road tunnel safety design：a case study from norway [J]. Tunneling and Underground Space Technology，2014，43 (25)：300－314.

[175] 梁洪泉，吴巍. 基于动态贝叶斯网络的可信度量模型研究[J]. 通信学报，2013，34(9)：68－76.

[176] 赵鑫，刘书航，黄鑫. 任务关键系统赛博安全性评估[J]. 指挥信息系统与技术，2015，6(5)：7－12.

[177] 王宝安. 攻击图节点概率在网络安全度量的应用研究[J]. 网络安全技术与应用，2013，13(8)：131－132.